山鼎设计
CENDES

U0264186

山鼎设计股份有限公司

山鼎设计20年

设计与实践1999-2019

山鼎设计股份有限公司　编著

中国建筑工业出版社

目 录

2004

2012

2016

2008

2020

优秀的建筑设计
是要用建成的作品来说话
（代序）

山鼎创建 20 年，随着时间的积累，实践经验也越来越多，项目从几百平方米的构筑物到几百万平方米的城市综合开发，设计和建成的项目多达几百个，公司也逐渐成长为中国知名的设计机构。

山鼎建立之初，项目的建成率是作为对设计或设计师评判的重要考量因素。山鼎一直要求对建筑师进行全方位的培养，鼓励在设计和建造实践中提高设计能力，强调设计不只停留在图纸，必须要用建成的项目来验证——这已然成为公司发展和人才培养的基本原则。

Design to built：设计的目的是为了建成，成为作品。
山鼎设计的创办人是一群对建筑设计有理想和追求的建筑师，他们所创建的山鼎设计，不只是完成创意的设计公司，而是一家真正负责从设计到建成提供创意和技术服务的建筑师事务所。

其他纯艺术形式仅需自我认可，相比而言，建筑是实用与审美相结合的产物。建筑设计也因此是遗憾的艺术，最好的作品永远是下一个；而山鼎设计就是通过不断地实践，提高自身与时俱进的设计能力，追求下一个卓越的作品。

建筑设计属于传统行业，早期模式都是师父带徒弟——建筑师从绘图员开始实习，再到工地上去实践，之后才能成为一名真正的建筑设计师。时代不同了，建筑设计的分工也越来越细，越来越局部，有做概念的，有做方案的，有做施工图的，还有专门做现场设计服务等；但要想成为真正的建筑师，就必须要有设计和建造的经验，不然就是“纸上谈兵”。

除了有创意力外，注重实践成为了山鼎设计的“匠人”工作风格。在山鼎初创时期，公司没有品牌，客户对设计水平的认识，主要是通过设计图纸的质量和现场设计配合能力来决定的；而事实上，很多山鼎的客户就是通过公司的图纸深度，建立起对设计能力的信任。本书希望通过对山鼎设计 20 年来部分建成作品的回顾，来说明设计与实践的重要性。

山鼎设计

1999 年，山鼎设计工作室（Cendes Design Studio）成立于新加坡。次年，在成都建立了在中国的第一家设计机构。2005 年，山鼎设计获得了建设部（现住房和城乡建设部）批准的建筑行业甲级设计资质，成为为数不多的能在中国开展全程设计业务的海归设计公司。2008 年，为全国化战略的开展，山鼎设计分别成立了北京山鼎和西安山鼎两家子公司。近十年的发展，北京山鼎和西安山鼎现在分别成为华北和西北地区的品牌设计公司。 为了更好地提升公司的行业地位和品牌建设，山鼎设计于 2015 年 12 月 23 日登陆深圳证券交易所创业板，成为首家在 A 股上市的中国民营建筑设计公司（SZ300492）。

山鼎设计在公司创业阶段就具备了国际视野的公司决策层及项目管理运营体系，在规划、建筑、专项设计等领域为包括国有企业、跨国公司等在内的政府机构及私人机构提供专业咨询和综合工程设计服务。

山鼎设计核心管理人员及学术带头人部分来自美国、新加坡等发达国家，在建筑设计领域中，积累了丰富的项目设计经验，注重在创作理念及设计工作流程上建立国际视野和通用标准，深度理解本土文化和经济现状，并以此为基础创作设计了大量作品，积累了丰富的本土设计实践经验。

自创建以来，山鼎设计（Cendes）一直秉承着“整合创意，设计未来”的设计理念，在建筑设计行业发挥着自己的专业设计能力和专业服务能力，与中国经济共同成长。在实践过程中，山鼎设计通过不断地技术创新和项目实践，推动绿色低碳建筑的研究和 BIM 技术的应用，持之以恒地以提升城市环境、改善建筑品质和塑造可持续发展的社会生态为企业使命，为公司品牌建设带来持久的影响力。

我们深知，成功的项目合作，其结果是好的作品，优秀的作品不仅能够扩大公司品牌影响力，还能提升设计机构的专业能力和人才厚度。未来，山鼎设计的业务还是会结合自身的优势来发展，突出山鼎设计的专业特点，继续拓展与品牌开发企业的合作，扩大公司在大型商业综合体等项目设计上的技术影响力，努力使山鼎设计成为国际知名设计品牌。

Mosque 街 , 新加坡 , 1999

1999-2003

1999-2003

初创阶段

1999 年，创办人袁歆和陈栗在新加坡相识，同年注册成立了山鼎设计（山鼎设计工作室）。当年，国内的建筑设计市场还在刚刚起步的阶段，在经历了 1997 年的亚洲金融风暴后，大量的国际设计公司在 1998 年开始撤离亚洲市场，而中国是唯一没有经济衰退的市场。两位创办人洞悉了国内设计市场的巨大潜力，可以将在海外多年的设计思路和工作方法带回国内发展，通过一些项目合作和朋友的推荐，决定先在新加坡成立设计工作室承接国内的设计业务。

2000 年，山鼎工作室在成都建立了在中国的第一家设计机构：新加坡山鼎建筑师事务所成都办事处。当时，山鼎设计是第一家进入成都的外资设计机构。初创时期，通过陈宇光先生，袁歆和陈栗在新加坡认识了来自成都的庄健。当袁歆和陈栗来到成都后，庄健和他的兄弟庄炯就成为了山鼎设计的合作伙伴。直到今天，庄氏兄弟还和山鼎设计保持着合作关系。在山鼎设计刚刚进入内地设计市场的几年里，获取项目的主要方式是依靠方案竞赛和投标。先后在 2000 年通过方案竞赛，赢得了新希望地产的锦官新城、国嘉地产的美邻居，以及成都市政府的重大城市更新项目“沙河改造”等重大项目。作为外来的设计机构，山鼎设计在成都设计界独树一帜，短短的几年时间，就成为中国内地的明星设计公司。2001 年前后，袁歆的校友金涛等几位建筑师在广州成立了广州山鼎建筑设计公司。现在，广州山鼎也成为华南地区具有代表性的优秀设计机构。

因为没有有关批发的设计资质，山鼎设计的前期项目都是和地方设计院进行联合设计。与地方设计院的合作，使得山鼎管理层决定向有关部门申请国内的设计资质。只有自己有了设计资质，才有能力对公司的设计作品有较高的完成度。 山鼎设计在 2003 年获得四川省建设厅颁发的建筑设计乙级资质，并在 2005 年成功获得建设部批复的建筑行业甲级设计资质，成为为数不多的能在中国开展全程设计业务的海归设计公司。

成都浆洗街
山鼎设计工作室
2001-2004

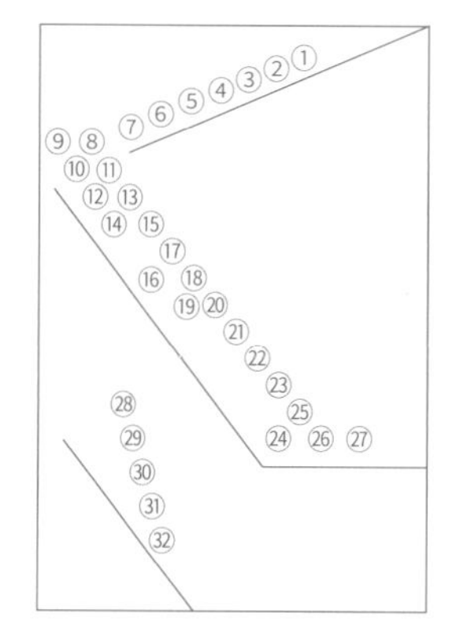

人员从上至下排列：

①袁歆、②陈栗、③杨瑛、④龚朝晖、⑤刘伶、⑥胡志霞、⑦廖方跃

⑧严愚、⑨赵东亚、⑩黄寿海、⑪邓丹、⑫旷雨露、⑬李莎、⑭谢晋、⑮徐功华、⑯文学军、⑰陈跃侠、⑱李文、⑲胡永斌、⑳欧阳颖、㉑施宇、㉒杜伟峰、㉓叶益东、㉔张鹏、㉕黄强、㉖李剑、㉗周蔚珂

㉘许江宇、㉙陈泽平、㉚罗显波、㉛李永达、㉜钟宁

浆洗街工作室

山鼎设计工作室（Cendes Design Studio）在成都公司的第一个主要工作地点，是在蓝光地产电脑城里的一间办公室。运营了一年后，公司搬入了浆洗街的一栋废弃的厂房里，正式成立了四川山鼎设计有限公司，并获得了四川省建设厅（现四川省住房和城乡建设厅）批准的乙级设计资质。在 2003 年前，山鼎设计还是新加坡山鼎工作室（Cendes Design Studio, Singapore）在成都的办事处。四川山鼎成立后，开始承接了少量的施工图设计项目，继续运营了一段时间后，顺利获得了建设部批准的建筑行业甲级设计资质。

这段时期，山鼎设计在成都组建了技术核心团队。在初创阶段，除了袁歆和陈栗担任公司的主要运营和技术外，周欣担任公司的总经理并负责市场，张鹏负责方案创团队，文学军负责施工图生产。除了袁歆、陈栗、周欣、张鹏和文学军外，还有黄强、廖方跃、孟凡良、杨瑛、胡志霞等山鼎设计的核心骨干陆续的加入。 同时期，为了开展公司业务，引入了投资，由周欣和张鹏开设了山鼎重庆公司。但由于当年重庆市场还很不成熟，短期运营后，山鼎设计撤出了重庆，集中力量发展成都公司。直到了 2008 年，山鼎设计总结了重庆子公司的失败经验，决定开设西安和北京子公司。

2000 年初的西南地区，民营设计机构还相对弱小，大多数的海归设计公司都设在北上广深地区。2000 年，通过金涛（广州山鼎创办人）的引荐，有机会参观了广州知名民营设计公司——瀚华建筑设计。当年瀚华的公司形象和规模，都深深震撼了袁歆和陈栗，也给了他们把设计公司做大做强的信心。当年，成都作为内地城市，并不被民营设计市场看好，现在看来是给了山鼎设计一个发展的巨大空间。作为海归的山鼎设计，初创阶段的主要项目都是靠市场投标获得的，在工作风格和设计理念上，对一些传统国营设计院产生了一定的冲击。同样在成都创建的另外一家民营的设计机构，基准方中也在同时期开始发展；数年后，山鼎设计和基准方中都成为中国民营设计市场的头部力量。

成都·熊猫商城

山鼎设计去成都发展，必须要讲到陈宇光先生。*山鼎设计的第一单国内业务是来自于旅居新加坡的成都开发商，陈宇光先生。陈先生当年正在开发成都熊猫商业广场，40 多万平面的超大型商业综合体。先讲一下陈宇光先生，陈先生是 80 年代中国的商业界风云人物，创立过上市公司海南琼能源。早期陈宇光还和万科合作过贸易，之后担任过万科的董事。因为陈宇光的自身原因，他离开国内旅居海外，但并没有停止他在国内的项目开发。熊猫商业城项目就是他在成都的标志性项目。山鼎设计作为项目设计师参与时，项目已经历了多年的前期工作，但一直没有完全达到陈先生的理想目标。和当年多数国内开发商一样，陈先生每次游历世界后，都要加入他看上的国际上的新鲜思路，项目设计一改再改，施工也是一拖再拖，山鼎设计就是在这一时刻参与了方案阶段的设计工作。与其说是方案设计，不如说是和陈先生合作，进行方案优化的思路整合，将设计修改的内容指令传达给后续合作方。因为陈先生的熊猫商城，山鼎设计认识了成都，在 2000 年成立山鼎设计成都办事处后，山鼎还继续为陈先生的熊猫城服务了一段时间。可惜的是，熊猫商城项目在多年后已经转让给了一家一线地产公司。*

陈宇光先生的经历是丰富的，每次在新加坡和他进行交流都会了解到很多关于中国的商业信息。作为两个没有国内工作经验的建筑师袁歆和陈栗来讲，的确是一个很有必要的学习过程。今天，我们回顾 20 多年的设计市场，变化是非常巨大的。陈宇光先生的经历，反映了一个时代的中国商业开发商的经历，当年是还没有万达的年代，也没有土地拍卖，有点资金就能做项目开发了，而山鼎设计的起点，正是来自这样的具有传奇色彩的中国地产经济时代。

2000 年初的成都房地产

山鼎设计与川籍地产商们的合作

90 年代末，置信地产和交大地产等房地产公司在成都市场的快速崛起，一度成为全国地产企业学习的明星和行业标杆。作为成都的老牌地产企业，交大和万科、万通、华远等中国知名地产企业组建了中城联盟（中国城市房地产开发商策略联盟）。一直到今天，中城联盟还是地产企业界的重要协会组织。而置信地产，在成功地推出了“有景观”的居住社区后，受到了国内开发商的高度认同，杨毫先生也成为明星开发商。

之前写到，山鼎设计建立之初在新加坡与陈宇光先生建立了项目的合作关系， 创始人袁歆和陈栗都在新加坡被陈宇光聘用为成都熊猫商城的项目建筑师。因为陈先生的项目，山鼎设计来到了成都发展。来到成都后，山鼎设计还与另一位当年的中国著名企业家刘永好先生的新希望地产有过多个项目合作，完成了新希望集团在成都的著名楼盘“锦官新城”的部分建筑设计。

在成都建立中国市场的第一个根据地后，山鼎设计成为成都地产企业，如置信、交大和新希望等企业的合作伙伴，为他们提供了许多创新的设计理念和作品，特别高兴的是与交大和置信地产的合作保持了很多年。由于内地地产行业发展初期充满了探索性，许多早期川籍开发企业没有在全国化地产的发展过程中成为更加主流的地产企业。

世纪之初，在一线城市房地产独领风骚的时期，四川因为有置信、交大、新希望等房地产企业，也在地产界占有重要地位。后来的川籍开发企业龙湖、蓝光等承接了他们的发展势头成为中国地产界的一线企业。成都一直作为二线城市的明星在房地产行业占有重要的地位，全国性的地产企业把进入成都地产市场作为全国发展的主要指标之一。山鼎设计也通过合作在 2008 年后开始了全国性的发展。现在，山鼎设计已在全国的 30 个省市都有在设计或在建项目。

总平面图

成都·置信温江柳城

当年的明星楼盘

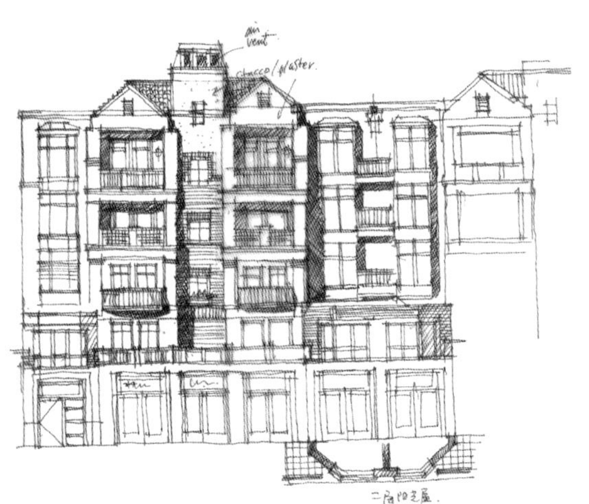

在成功地推出了“有景观”的置信丽都花园居住社区后，受到了国内开发商的高度认同，置信的掌门人杨毫先生成为了明星开发商。温江柳城是置信为打造下一代地产标杆的一个项目而准备的，新都市主义作为温江新城的规划理念，并由山鼎设计在规划、建筑和景观等方面进行了整体设计。杨毫先生希望整个项目能再次成为全国地产业新的标杆。在设计项目的过程中，杨毫先生和置信地产当年的其他创办人对山鼎设计的创意都是非常重视和支持，其中有许多的设计理念放在今天还是非常前沿的。和现在的标准化设计不同，项目的设计理念是设计师和杨毫先生面对面沟通产生的。20 年后的今天，由于地产企业的高度标准化和金融化，中国的地产项目对设计师的创新能力要求反而降低了。

由于项目位于成都的郊县，开发理念远超当年的市场需求。项目在起步区落成后，没有能按整体设计进行实施。置信在进军上海房地产市场和汽车销售业务后，企业没有继续发展，山鼎和置信在合作了几个项目之后，一度中断了业务关系。2018 年，山鼎又开始了与置信的合作，但再次合作时，已经不是当年杨毫先生和设计团队沟通设计理念了，而是专业的管理团队和职业的建筑师之间的交流和配合。

2000 时代，主流开发企业仍以追求欧式风格的建筑形式为主；同时，以广州和深圳为基地的开发商开始实践现代主义风格的建筑。

同期，国际上后现代主义的设计潮流正在走向尾声，对山鼎设计的创始合伙人袁歆、陈栗和张鹏等人都有不同程度的影响。特别是在置信柳城社区的项目上，设计风格大量借鉴了后现代主义大师 Charles Moore 的作品风格。

成都·交大花园

合作和信任，2002

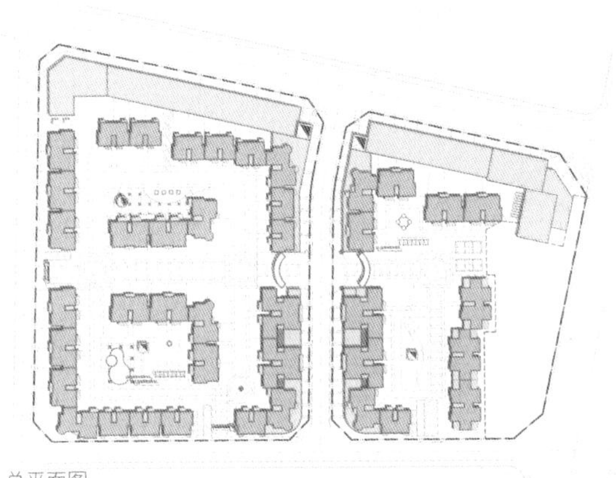
总平面图

__交大地产董事长孟刚先生__，在做地产开发之前，是西南交通大学的老师，所以交大的管理层都叫他孟老师。可能是孟先生的背景，他一直喜欢研究科技在建筑中的运用，并在交大归谷等项目得以有效实施。归谷还获得了建设部颁发的绿色建筑的最高奖。现在看来，当年科技和绿色建筑的投入很难产生合理的商业回报，因此在国内一直没有能有效地推广起来。通过与孟刚先生多年的合作，他对设计师们的信任和尊崇是对山鼎设计团队最大的支持。

在21世纪初，中国地产界重要人物组成了一个地产协会：中城联盟，意在给中国的地产行业设立标杆并互相借力，形成强强联合的团体。发起人由王石、任志强、冯伦和孟刚等人，在王石和任志强卸任主席后，孟刚先生担任过中城联盟的轮值主席。交大牧马山易城是中城联盟在国内的第二个实施项目。多年以来，孟先生一直是山鼎设计的支持者。山鼎设计长期以来都是交大地产的主要设计合作伙伴。

交大地产在成都有着很好的口碑，交大九期作为交大地产在成都大本营的标杆项目与山鼎设计开始首次合作。董事长孟刚先生和管理层都来自西南交大，做事风格有着知识分子特有的基因。与当年的大多数开发企业非常不同，在项目设计和实施过程中，交大地产的管理层在尊重设计的同时，还在实施过程中尽最大能力来体现设计的理念。

交大九期的设计是以山鼎为方案设计师，和第三方设计院作为LDI的形式进行合作完成的。与LDI的设计合作，使山鼎的设计师认识到要有好的作品，必须要有自己的施工图设计团队。

交大九期的建筑没有沿用市场推崇的欧陆风格，而是采用了现代主义。虽然缺乏对施工图设计的把控，但整体上看，方案设计还是比较完整地体现了设计理念。特别感谢交大的管理层给了山鼎设计充分的信任，除了技术问题，整个设计过程均是由山鼎设计团队沿着设计理念来完成执行和协调管控的。今天的地产项目上，开发商的各类要求，会对原设计理念产生大量影响，作品很难有一个较高的完成度。近20年过去了，交大九期的呈现效果，还是非常值得欣赏的建筑作品。

之后的10多年里，山鼎设计参与和主持了交大地产的牧马山易城、成都归谷等多个项目的设计。其中“归谷”项目获得了全国首个3A绿色建筑社区的称号，也是当时全国为数不多的真正严格实施的节能住宅。可惜的是，交大地产没有跟上中城联盟其他开发商的扩张节奏，而万科、龙湖等相继成为地产界的领军企业。

蕉叶泰国餐厅
Thai Restaurant
蕉叶泰国餐厅
Thai Restaurant
第一城
TopCity
MINTO CAFE

成都·国嘉第一城

中国 2003 年的“地王”

位于成都核心商业圈的商业地块在 2003 年被成都国嘉地产公司通过土地拍卖获得，该地块以每亩 3050 万人民币的单价成为当年全国“地王”。因为之前有国嘉美邻居项目成功的合作经验，山鼎设计获得了项目的设计权，也开启山鼎设计在商业地产设计的业务板块。

地价的成本超高，国嘉地产的董事长袁理先生和设计总监孙晓东先生对设计公司提出了设计周期必须按天来计算的工作方式。因为目标很清晰，项目在开发商和设计团队的高效工作节奏下顺利地实施。对项目的评估，袁理先生一直认为，第一城项目地理位置紧邻成都的商业核心区春熙路和红星路，有着极佳的商业口岸，招商应该是很简单的。 但因对商业地产开发和招商的不了解，项目在实施招商的过程中遇到了很大的阻力。在实际操作过程中一线商业口岸不见得一定能招到一线零售品牌，充分证明了商业综合体的开发和传统的底商店铺销售是完全两回事。第一城在建成后的很长一段时间都没有能找到理想的运营公司和一线商业品牌入驻。

2003 年，当时商业地产开发在中国还是以百货公司的形式为主（类似太平洋、王府井等），商业 Mall 的形式还没有出现。国嘉第一城的商业裙房是整个综合体成败的关键点。 裙房是一栋 2 万平方米的小 Mall，有内街和中庭来组织商业动线。招商定位的失败，导致项目一直没有达到预期。第一城在建成 15 年后的今天，随着街对面的超大商业综合体 IFS 的落成，以及电商和商业体验的兴起，又重新焕发了生机，现在无主力店的小型店铺集合商业裙楼，国嘉第一城已然成为年轻人热衷的商业场景和餐饮娱乐集散地。

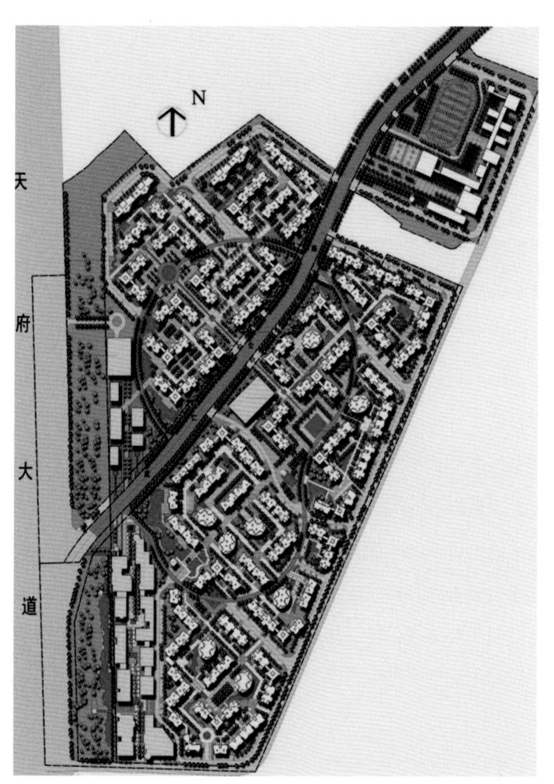

2003 年

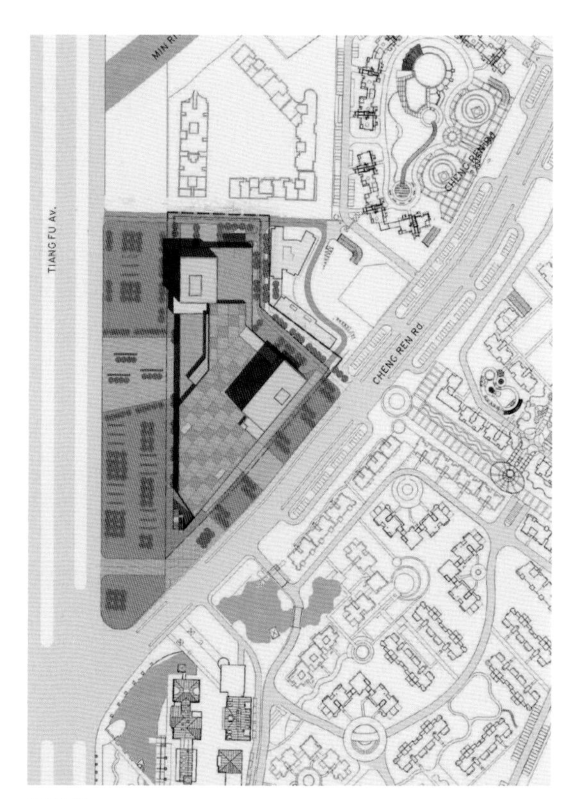

2012 年

成都·远大都市风景

一个能见证中国房地产发展的项目，2003

2019 年

随着远大都市风景 6 期城市综合体项目的方案设计进入尾声，成都远大地产在远大都市风景项目上的最后一块用地也将开工建设，历时十年的成都远大都市风景项目也将告一段落。从山鼎公司设计过的项目来看，成都远大都市风景项目，无论从规模或影响力都不在前列，但它确已成为一个经典的项目案例，见证了中国房地产高速发展的十年。

山鼎公司自 2003 年起开始接手设计远大都市风景项目的起步商业街（荷兰水街），到 2013 年进行第六期的商业综合体开发，一共经历了十多年。期间，开发用地的区位由开始的城市郊县变成了高新区，2013 年底成立天府新区后，项目区位进一步成为天府新区最靠近成都市区的中心位置。项目开发的强度也由起始的 1.0 容积率，上升到了后期的 6.5。项目产品由初期的低密度住宅变成了后期的高密、高强度的城市综合体。城市的不断变化也推动了建筑设计的不断创新。 远大都市项目的一大特点就是它每一期的设计风格和理念都是完全不同的。远大项目在设计上并没有采用像其他大型地产开发项目大量采用成品化设计的开发模式，而在每一阶段对设计从规划、造型至户型等全方位地进行创新，匹配并领先当下的市场。整个项目最先亮相的荷兰水街低密度商业街，也将在不久的将来，被重新规划建设为大型商业综合体，由此开启二次商业开发。

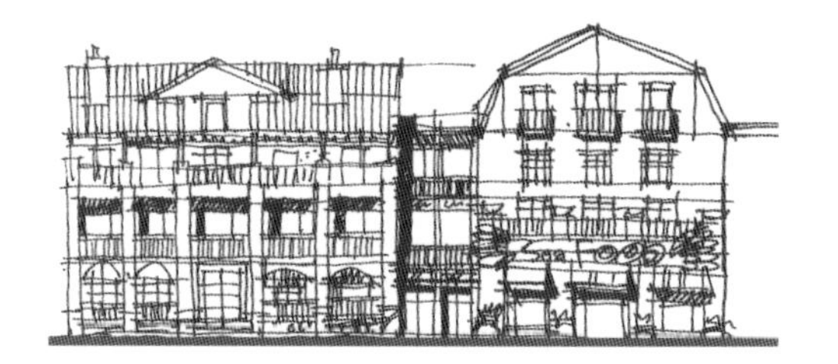

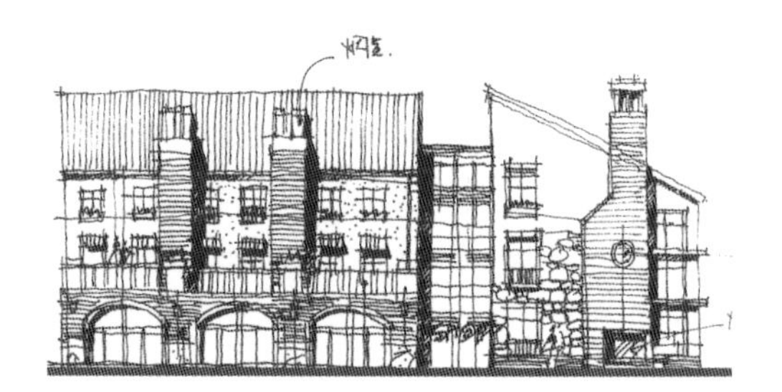

远大·都市风景
When Landscape
Becomes Life

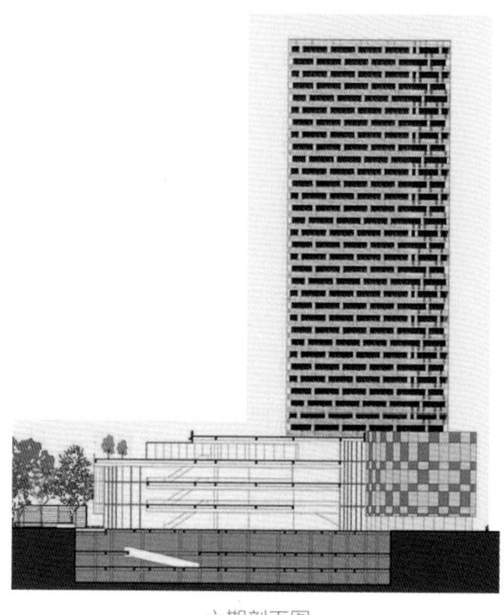

六期剖面图

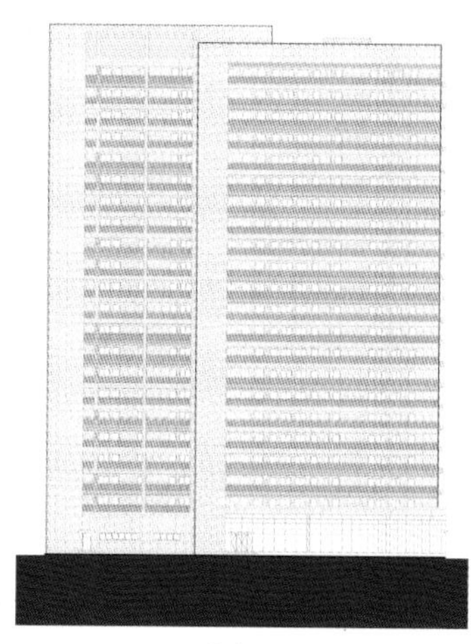

五期立面图

远大都市风景位于成都市的人民南路南延线的东侧，总用地面积为 30 公顷，分为 6 期开发。因为开发强度的变化使项目的建筑自然地形成了丰富的城市天际线，再加上个性化的建筑设计和合理的功能组合完成了一个有记忆特征的城市设计。

远大都市风景项目一期的规划和建筑，乃至景观设计都得到了业内和市场的高度好评，半围合的住宅组团和空中花园的连廊都成为一期的标识。二期小高层建筑的立面开始有了色彩，随后的三期和四期立面的色彩被大胆地用到了极致，特别是三期的圆形双塔早已成为“地标建筑”。随着市场认知的进步，五期的建筑采用了较为理性和内敛的设计手法，浅褐色的单色外立面与相邻的丰富多彩的三期立面形成了鲜明的对比。

六期的容积率已经到了 6.0，是一期容积率的 6 倍。远大都市风景项目充分反映了中国房地产市场的高速发展，以及开发商和设计公司通过项目对时代的理解，最终体现在产品上——一期的花园洋房到三、四期高密度住宅，最后以城市商业综合体结束；建筑设计的风格也从休闲到张扬，最后以成熟收官。

二期

三期

四期

老家肉饼

北京·大钟寺
2003

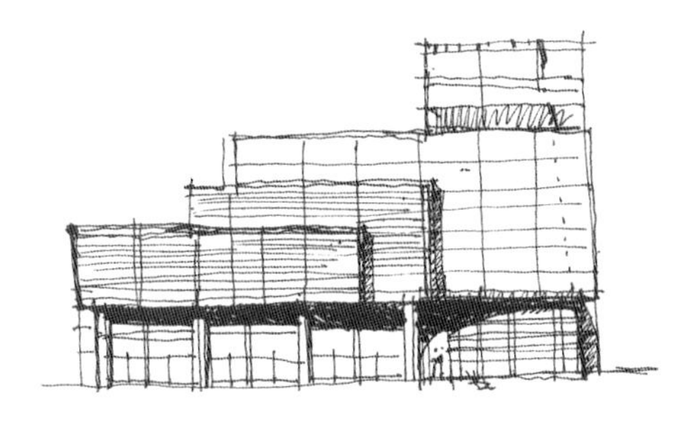

北京大钟寺项目是山鼎早期完成度较高的作品之一，也是山鼎设计在北京的第一栋也是至今唯一一栋在三环内建成的作品。大钟寺商务楼是兼商务、餐饮、娱乐及公寓为一体的综合体建筑，总建筑面积约 5.77 万平方米。因为地处北京大钟寺控制区内，建筑在高度上受到了规划的控制。建筑主体沿道路布置，在基地内自然形成一个半围合的内庭院； 同时，为了避免过于封闭，在主入口设计了一个架空空间，使庭院环境得以延伸，把人的视线在一层充分打开。为了协调建筑与周边现状的关系，大楼北侧进行了退台处理。 立面处理上沿城市主干道一侧采用玻璃幕墙和横向构件，并层层叠加，使立面产生丰富的立体和灵动的视觉效果。大钟寺项目在规划布局和立面造型上都打破了北京当年的传统设计风格，一度成为北京北三环的一个亮点。

项目设计是在山鼎设计的方案团队与开发商团队的共同努力下完成的。特别是立面造型和材料选择上，开发团队充分尊重和采纳了方案设计师的建议，当然，山鼎设计的设计能力和图纸表达都得到业主和同行们的高度认可。 设计过程中，完全采用了三维的设计方式，工作模型使得项目能更好地有实施性并提高项目的设计完成度，同时在施工过程中不断地与业主方、施工图设计院（LDI）进行协调和沟通，使得项目的实施过程顺利进行。

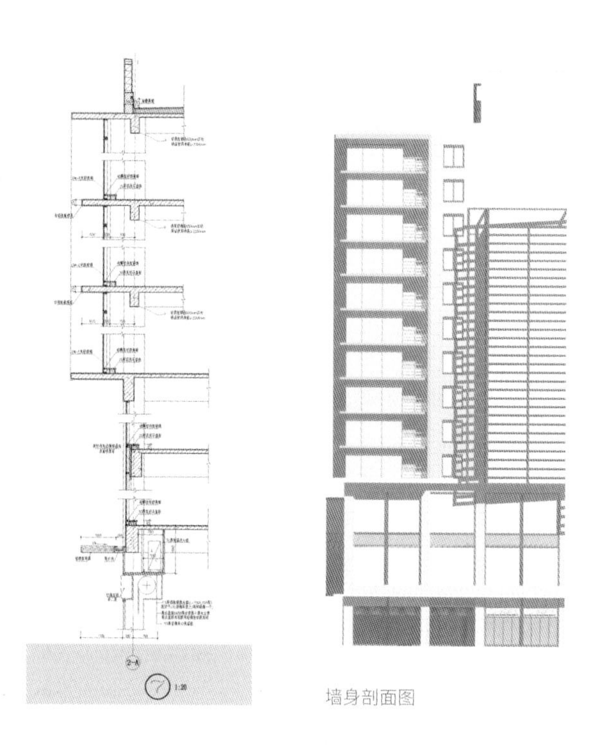

墙身剖面图

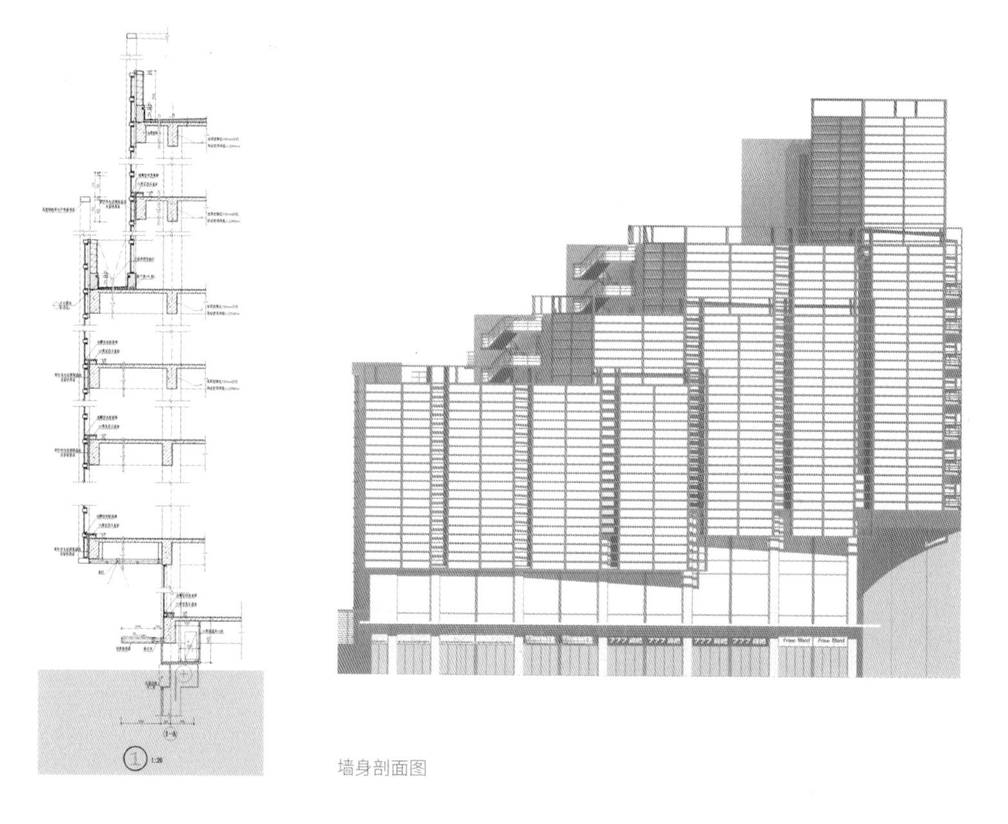

墙身剖面图

成都·锦绣森林

森林里的家，2004

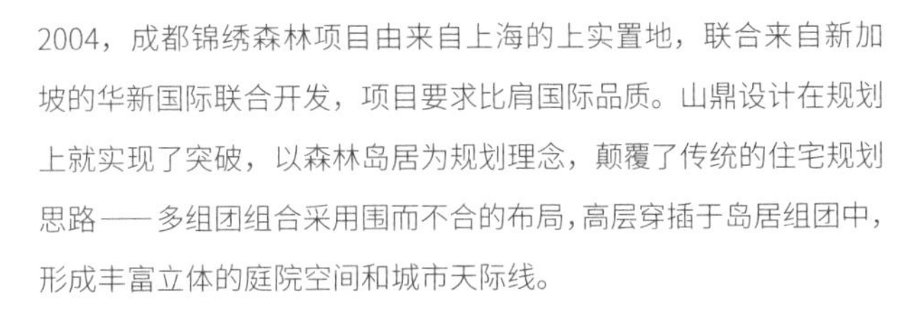

2004，成都锦绣森林项目由来自上海的上实置地，联合来自新加坡的华新国际联合开发，项目要求比肩国际品质。山鼎设计在规划上就实现了突破，以森林岛居为规划理念，颠覆了传统的住宅规划思路——多组团组合采用围而不合的布局，高层穿插于岛居组团中，形成丰富立体的庭院空间和城市天际线。

多层住宅的户型设计采用了多层次退台手法，使得每层每户都有大露台，每层的户型也有一定的个性。建筑外观是设计的亮点，设计师提出外墙材料采用传统水刷石和户外木饰结合现代立面的设计思路，反映城市的记忆和传统工艺的美学价值。由于水刷石的传统工艺，当时几乎没有工人会做了，因此设计师、开发商和施工方通力合作，在工地经过了多次实验最终才得以实施。时隔十五年，锦绣森林项目还是魅力无限，在成都温江光华大道，一直是城市景观的焦点。

2006 年， 锦绣森林获得了国家级的人居综合大奖。

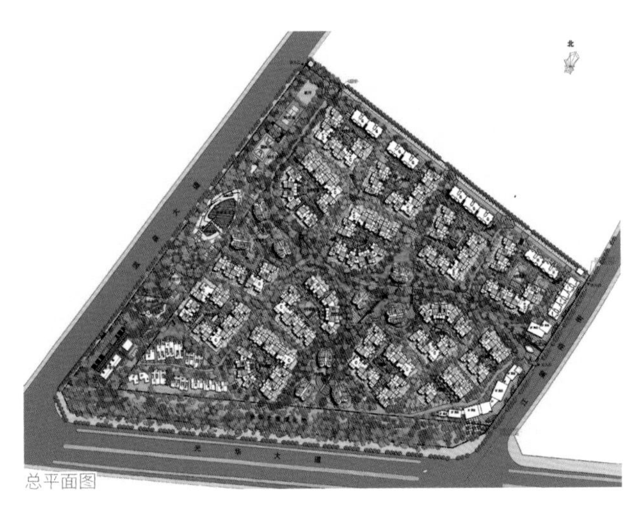

总平面图

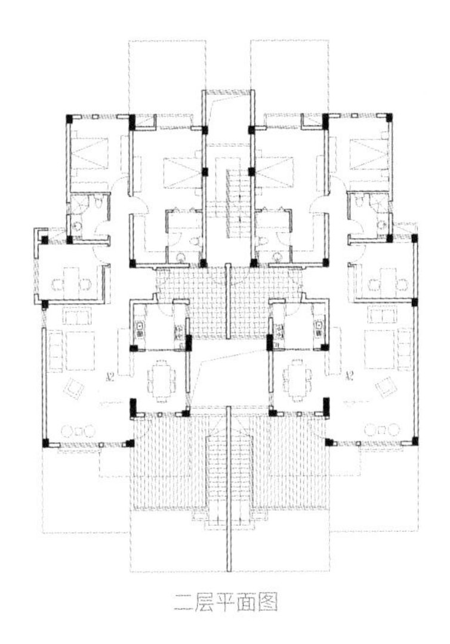

二层平面图

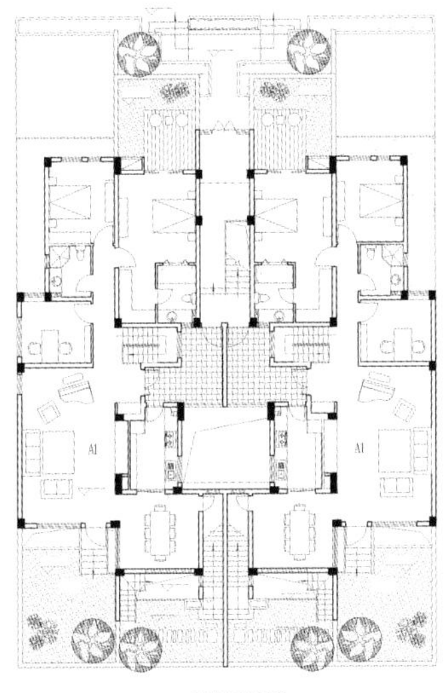

一层平面图

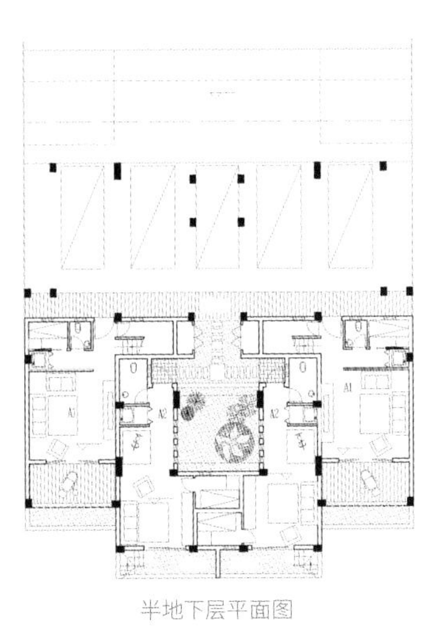

半地下层平面图

立面图

中国水电集团成都设计院

为设计院做设计，2004

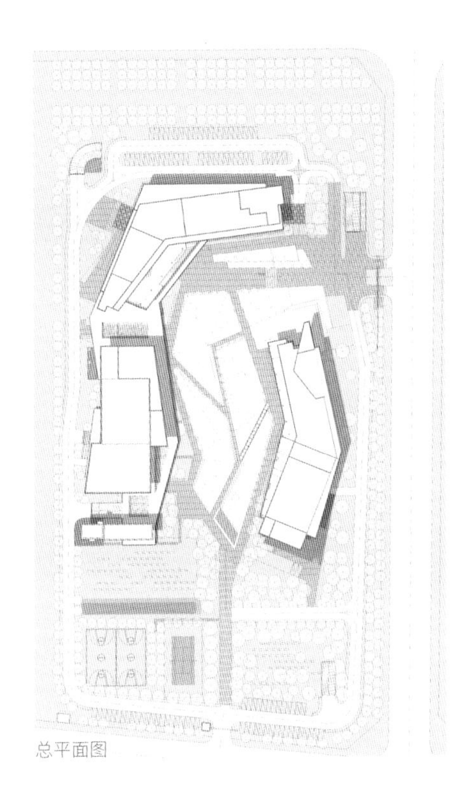

总平面图

山鼎设计给大型国营设计院做办公总部设计是非常有趣的。项目的功能包含办公、会议、员工休闲设施、餐厅，及一个独立的二级职能部门等复合功能。业主对共同探讨各种设计思路保持了极大的热情，山鼎设计也非常珍惜难得的合作机会，设计前期绘制了大量草图与业主管理层一起来讨论论证，达成共识。

设计曾经尝试过可持续发展的模块化思路，将各职能部门按照相同模块经过花园式连廊进行连接，随着企业发展，新的模块可以延续统一地规划设计，与交通连廊新建。每个办公模块都享受内部空间环境和组团之间尺度宜人的花园。

随着设计的深入，业主决策层希望能有大尺度的庭院。我们决定改变设计思路，使用大围合的方式来组织室外空间和各主要功能。通过几根有趣的折线，我们戏称为“回型镖”，带来整体空间的灵动和变化。同时主塔楼的形象更像“一本打开的书”，隐喻出业主的人文特征和文化感受。各主要功能通过风雨连廊进行连接，围绕大尺度中心庭院展开工作及活动。

主要办公以集中的方式进行归集，交通核位于塔楼边侧，这带来标准层平面在功能划分上更加自由和便捷。在机电设计中，因为不希望塔楼外墙看到通风百叶，采用了顶部取风的设计方式——这就要较大幅度地加大核心筒风井。通过论证，设计师和业主一致认为是一个值得的代价，在那个时候也是一个大胆的尝试。

在成都“低密”年代，企业更容易获得大尺度土地，希望创造花园式的总部环境，让使用者更贴近自然。随着时代发展，向高度要空间变得越来越普遍，竖向发展、高度集约的企业总部大厦纷纷涌出，而拥有大尺度花园的总部环境则更显得弥足珍贵。

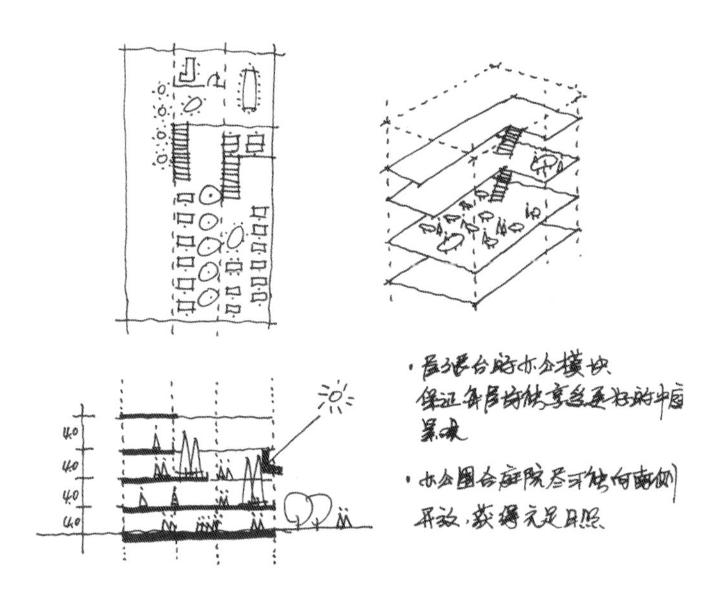
4.0
4.0
4.0
4.0
·层层退台的办公模块、
保证每层均能享受更好的中庭景观
·办公围合庭院尽可能向南侧开放，获得充足日照

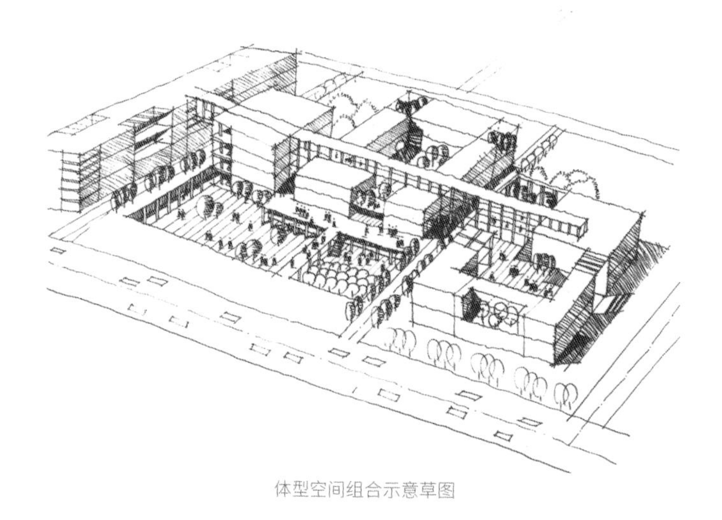

体型空间组合示意草图

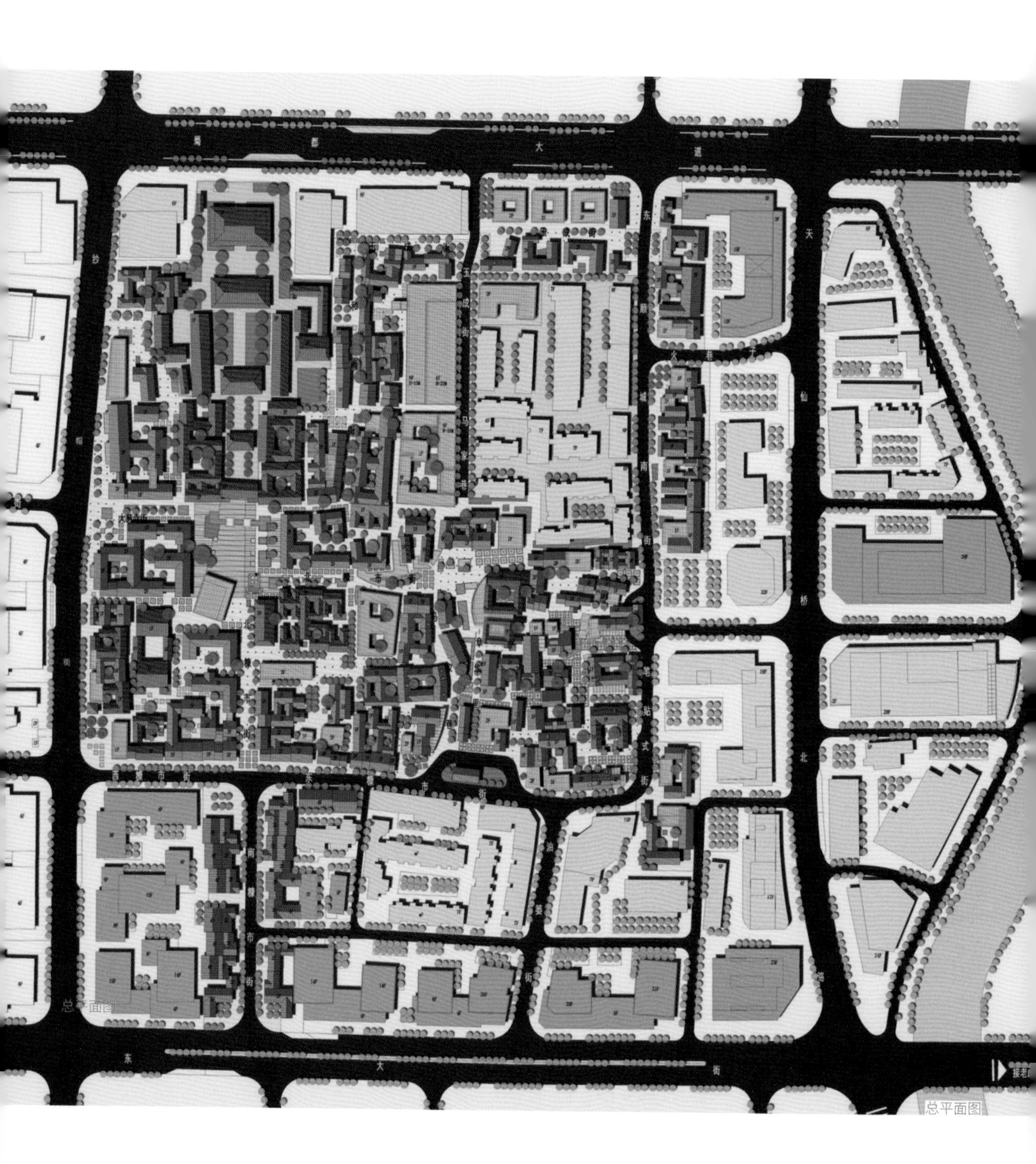

总平面图

成都·大慈寺
城市更新，2004

太古里（大慈寺）项目的开发是成都（乃至全国）最为成功的城市更新项目之一，是太古集团在中国继北京三里屯之后的另一个大型城市商业综合开发项目。项目在商业和运营获得成功的同时，也为城市增添一张文化的名片。

2004年，山鼎设计袁歆、洪光麟等几位重要的建筑和规划学术领头人，共同组队完成首轮规划设计并获得通过，第一次提出了保留部分有文化价值的历史建筑，并在原址对保留建筑进行了测绘和修复（修旧如旧）。规划成果获得行业高度赞誉，赢得了大慈寺城市更新规划及建筑设计的国际竞赛一等奖；也就是现在成都的核心名片（太古里大慈寺）项目的中标，确定了山鼎在设计界的行业地位，使得今天的太古里还能看到原汁原味的川西建筑的元素，它们与现代的“川西风格”形成优雅的对比。

成都，大慈寺片区，2004

山鼎设计多年与外资开发企业合作，认识到 Kerry（嘉里）、太古、SM（一家著名菲律宾企业）等开发企业的成功是基于他们多年的开发和运营经验以及大量的资金储备。类似太古和嘉里等外资对国内设计公司而言，就是要有“耐心”：只有时机成熟了，才会推进。 记得，当年太古里管理团队来到山鼎公司交流，项目负责人李志豪先生（Allen Lee）说到，“我们不着急开发，太古已经 200 多年了。我来成都 5 年，才找到大慈寺这个项目，下面我们要花很长的时间来完成这个项目”。

近期，山鼎设计正在进行另一个成都历史文化片区“文殊坊”的城市更新设计。山鼎设计将再次为成都和世界奉献一个令人回味的文化盛宴。

大慈寺项目在完成规划和起步区后，因后期的招商和运营不利，整体工程也搁置多年，直到香港太古里集团的全面介入才获得了新的机遇。山鼎设计的初期规划理念，给太古里成为中国最成功的城市中心商业片区提供了有力的支持。由于招商和运用不善导致烂尾多年之后，政府引入了太古和远洋，太古引入了欧华尔，联合了西南院、山鼎设计等设计咨询机构进行新一轮的规划和设计——历时 10 多年才成就了今天的太古里。

太古里的成功，吸引了大量的政府和私人开发企业来参考学习，希望能复制到其他地方。其实，太古里的成功是集开发商、政府部门的良好合作，以及项目的地理位置和城市经济属性等多个方面。当然最重要的是资源汇聚、开发能力和资金准备，所以没有足够的内外部资源，再造一个太古里是不太可行的。

大慈寺设计思考

抗战时期的大慈寺被日本侵略者飞机炸毁以后需要重修，所以现在大慈寺的历史建筑有些就是民国年间的；而成都大多数历史建筑是清代至民国时期的。大慈寺是省级文物保护单位，但是其实寺庙里面也有新建筑，是最近几年建成的。2001 年的大慈寺历史文化街区，那时是能够满足历史建筑占街区总面积 60% 要求的，历史街区还留存了很多的传统建筑。但是临红星路的商业用地（即后来的 IFS）十年前拍卖就是 8000 万一亩，因为旁边就是春熙路，每天这条路上客流量超过 10 万，所以才会有这样高的地价。大慈寺历史街区做过很多轮方案，高地价地段，容积率只有 1.5，建筑限高 15 米，一般的投资方很难操作下来。大慈寺历史街区在改造之前的情况，相当于离今天也就是十来年很成都的生活场景，但是这种生活方式很难产生税收贡献。大慈寺寺庙里面有一个茶馆很有名，以前是成都文化人的交流中心，比如流沙河就是常客。成都人喝盖碗茶要喝三花，是茉莉花茶中最便宜的那一档。后来成都市统建办委托新加坡 DPC 公司做过大慈寺旅游片区修建性详细规划，大慈寺历史街区改造以前的街巷空间表达得比较清晰。2004 年山鼎设计参加大慈寺历史文化街区国际竞赛获得第一名，这版规划规定了多处保留历史建筑。

山鼎设计负责历史街区的规划设计。市统建办以“大慈记忆”为主题的大慈寺历史文化街区一期，修建了约 1 万平方米的仿古建筑群，位于大慈寺西南，西临纱帽街，南至西糠市街，包含广东会馆、欣庐两个保护院落的修复和 6 组新建院落。这片建筑后来被拆除了，因为这组建筑只做了仿古的风貌，对业态布局和商业运营等考虑严重不足。所以后来太古集团接手历史街区的时候除了 6 栋历史建筑尚存，其余历史建筑已经被拆除。

香港欧华尔最初做的太古里设计方案，设计思路很简单，优先解决商业动线，重点业态招商前置，保留了 6 处历史建筑。但是历史街巷如何传承一度成为争论的焦点，最初的建筑形式还有单坡的，设计师对成都地域性的理解是逐渐完成的。我们有一个成都本地的 7 人专家组为项目服务了 3 年，其中有两位老先生已经离世。从方案到施工图又有较大衰减，所以今天的太古里并没有完整呈现对地域建筑和历史街巷的研究。

在今天的太古里能够体会到不同历史时期的建筑和谐共荣,只是遗憾留下来的历史建筑太少。如果能够更好地兼顾商业利益和文化保护，这个项目会更加成功，也就不会变成历史文化风貌区。其中空间的灵魂还是历史建筑，源于 2004 年开始的优秀近现代保护规划，可以说没有这些散布在街区的历史建筑，太古里的公共空间就会缺乏活力和灵性。值得欣慰的是，在太古里会看到老师带着孩子们学习传统的穿斗结构这类的活动。从大慈寺寺庙内侧看外围现代高层建筑，它们仍然是和谐的，传统性和当代性并非水火不容。太古里周边的街道也发生了自主更新，可以看到国际品牌和地方小吃共聚一街——这种多样性的活力充溢着成都的烟火气。从耿家巷历史街区附近，更能够从街道空间看到城市进化的时间切片。

注：本文引用山鼎设计规划院院长何兵先生在“中国城市科学研究会 2019 苏州年会”上做演讲——《成都历史文化保护利用实践的反馈和体验》部分关于成都大慈寺城市更新的内容。

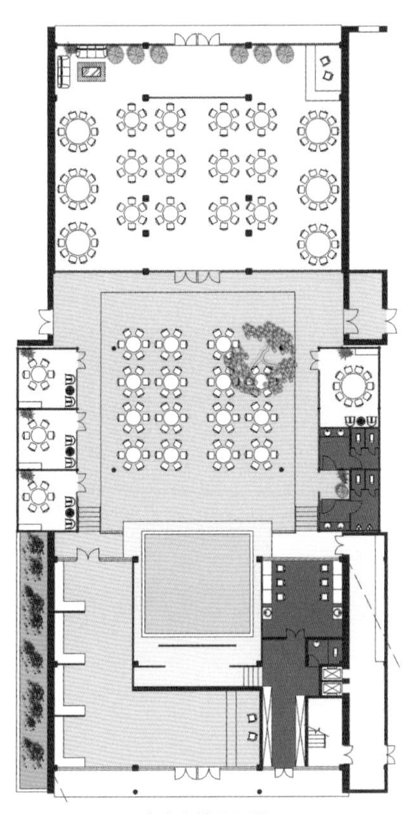

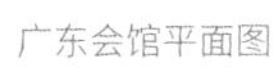

广东会馆平面图

广东会馆立面图

广东会馆的测绘、修缮和开放

广东会馆立面图

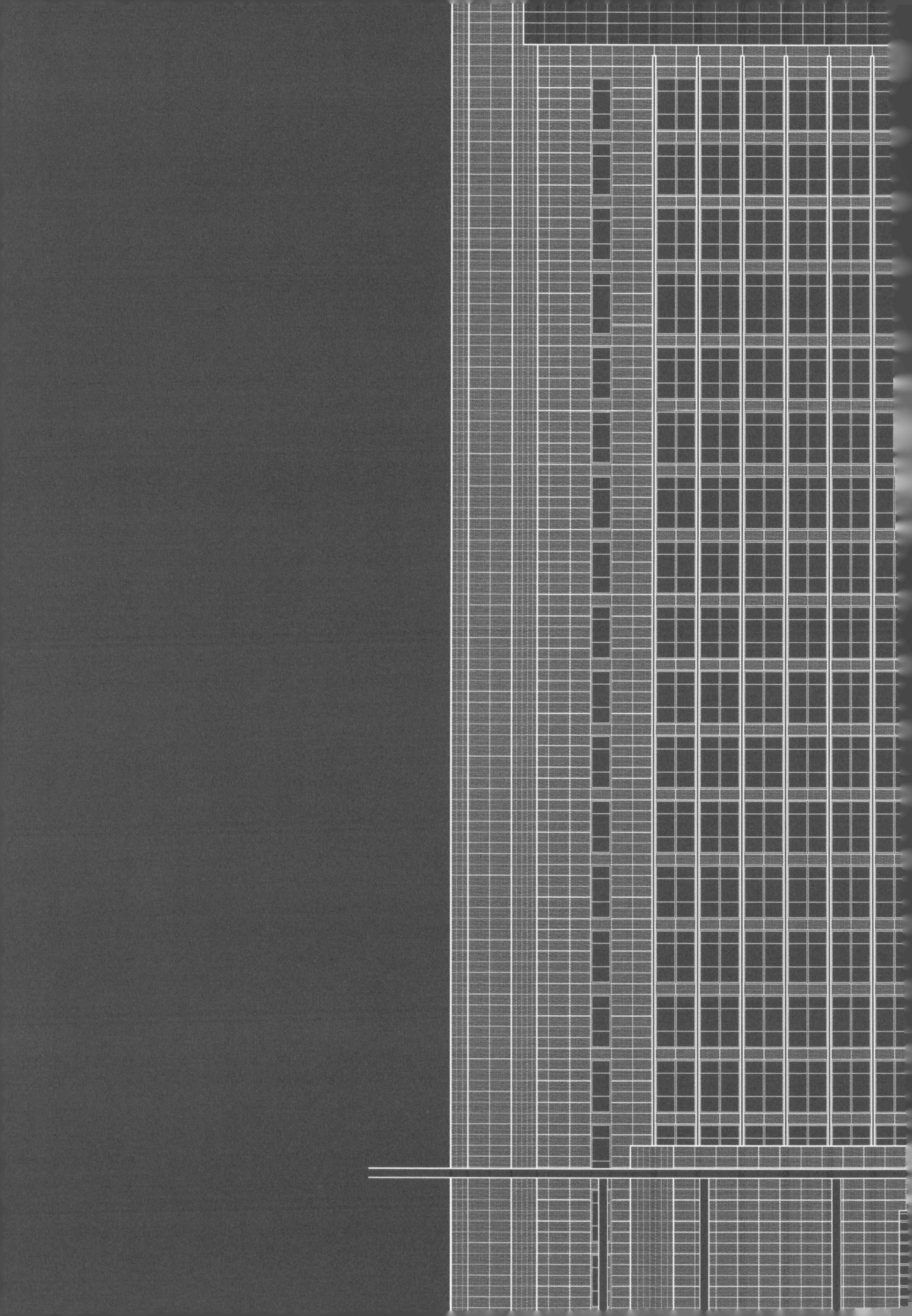

1999-2003

其他作品

2001 成都·锦官新城连体别墅小区
成都·国嘉美领居

2002 成都·双流中学
成都·沙河综合整治工程

2003 洛阳·顺驰第一大街
成都·财富中心
天津·津东弘丽苑
成都·牧马山易城

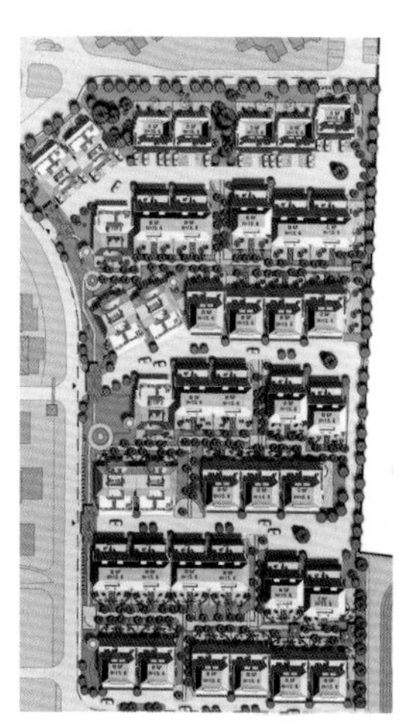

成都·锦官新城连体别墅小区

地点：中国，成都
规模：37,450 m²
业主：岷江新希望房地产公司
时间：2001

经济的发展造就了大量的高薪人士，但在用地紧张的情况下，兴建大量的独立别墅显然不实际——连体别墅产品能解决这一矛盾。单元设计中，设计动线围绕客厅为中心展开，倡导变化丰富的居家生活，适应现今开放的生活方式，符合住宅大厅小居室的发展趋势。规划中采用了“围合内院”的方式，通过单体的偏转、错位，形成相对安静的内部环境。组合单元通过围合的布局，形成类似传统“四合院”的内部庭院空间，减低了住户间互相的干扰，实现了庭院景观的均好性，并营造了邻里亲近交互公共空间。

成都·国嘉美领居

地点：中国，成都
规模：53,000 m²
业主：四川国嘉地产公司
时间：2001

本项目的设计强调了自然界的四季更替，采光通风对成都人生活的重要性。这些元素促成了居住者某种程度的舒适、幸福感，这对成都休闲文化而言是相当重要的。而在面积仅 9,793 平方米的狭长地块上，高容积率、大面积社区如何处理社区景观和城市景观，成为项目设计的挑战。最终，设计师把板式和塔式两种全然不同的结构形式巧妙结合，通过这种布局方式巧妙地解决了这一问题，也为城市中轴线核心区位的高密度社区同时实现环艺品质提供了必要前提。

成都·双流中学

地点：中国，成都
规模：30,000 m²
业主：成都双流双中建筑工程有限公司
时间：2002

建筑临主干道一侧，留出大尺度广场，而建筑形象则体现对称之美，正中大门，以古时“学府”的大门规制取得与中国文化的联系。在 2003 年，通过这所学校的设计落成，我们对学校建筑如何满足现代教育模式，为学生互动、师生交流、自学研究提供场所和空间，同时又与中国院府建筑、古典文化相结合，无疑做出了成功而又有趣的尝试。

成都·沙河综合整治工程

地点：中国，成都
规模：300,000 m²
业主：成都市沙河公司
时间：2002

在设计中既赋予其新的城市活力，也延续其沉积多年的历史文脉，还力求为成都市民还原一条崭新却又熟悉的沙河、一条充满历史记忆的沙河。本项目是四川省继府南河改造后最大的城市景观工程，山鼎设计对其 A、B 标段进行了设计与投标。B 段设计最后经专家评选，推荐为中标方案，且 B2 标块客家文化景点以 10 票评选通过的成绩荣获该项目设计二等奖。

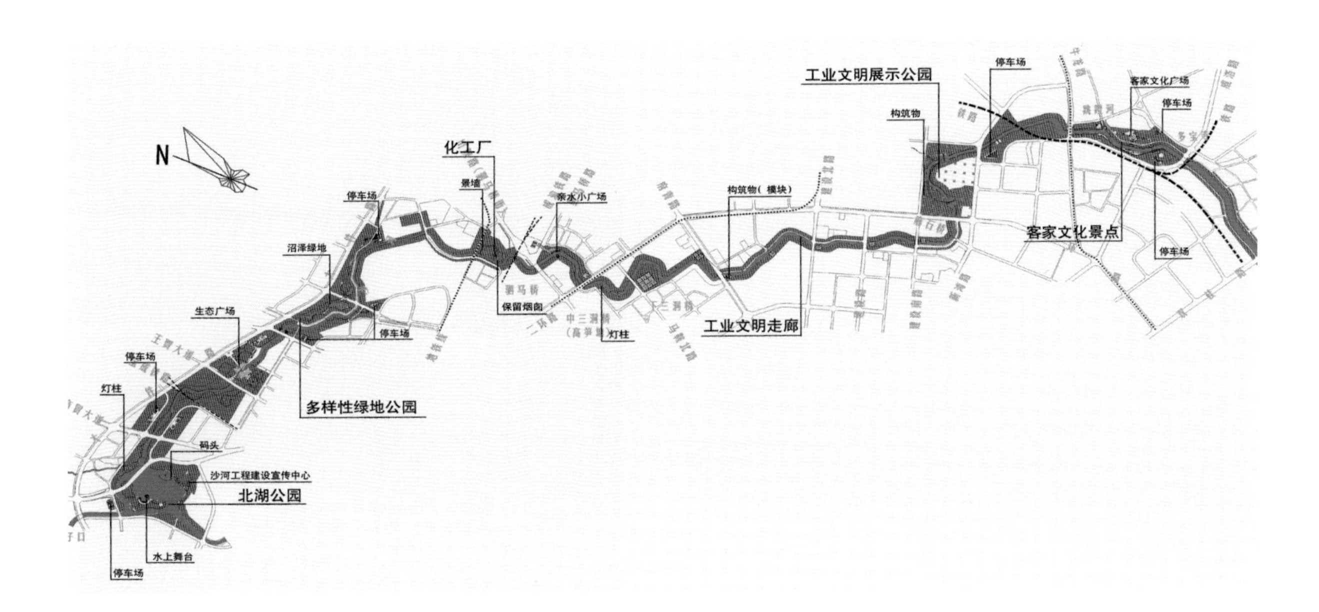

洛阳·顺驰第一大街

地点：中国，洛阳
规模：137,090 m^2
业主：顺驰集团
时间：2003

本项目紧邻市区，位于洛阳隋唐遗址公园旁，具有得天独厚的地理位置与丰富的水资源环境。项目的景观设计概念正是脱胎于中华千年历史文化与现代文明的融合交会，运用现代造景手法、设计语言和造景元素，提炼历史文化的精髓于环境当中，营造“高度品质、深度文化、极度视觉”的城市环境，成为名副其实的“天堂门户，风水宝地”。

成都·财富中心

地点：中国，成都
规模：163,400 ㎡
业主：成都联华房地产 / 成都东云实业
时间：2003

本项目位于盐市口城市中心商圈核心地带，规划的首要任务就是合理组织人流、车流、物流线路。商业设计中增加了一层临街商业步行街面，整个基地设立两个商业中心，实现了在功能合理分区的同时，带动整个项目的商机。建筑立面采用现代风格，用符合商业性质的语言符号来营造商业氛围。

天津·津东弘丽苑

地点：中国，天津

规模：119,145 ㎡

业主：津东地产

时间：2003

本项目用地北边紧邻弘丽苑一期，东临月明路和弘丽苑二期，西临闸桥路，南邻芥园西道主要市政干道。在规划时，利用芥园西道原有的商业氛围，沿街设置商业店铺，形成一条商业轴线，提升业主的经济利益。作为小区主要构成的居住邻里单元，由各种户型单元平面拼接而成。按半围合构思组成内庭式邻里单元，即避免了条式房的单调，又使主要居室面向景观和好的朝向——使空间具有围合感，创造出理想的室外活动场所，是一种亲密的街坊空间，为住户提供了休闲观赏的领域，营造出一种温馨的居住环境。

成都·牧马山易城

地点：中国，成都

规模：70,000 ㎡

业主：成都联盟新城置业有限公司

时间：2003

规划设计强调居住区的生态感受，恰如叶子的生态体系将建筑、人、自然环境有机融合在一起，因地制宜，充分利用原有水系及地形地貌，构筑出现代人类与自然和谐共生的醇美居住境界。同时，也十分注重人与人之间的和谐需要，为社区内部提供了充裕的活动空间，并在配套设施、社区文化、生活方式、社区价值等方面努力营造“极具社区情感”的住家感受。项目在北面和南面分别设置两个车行出入口，各组团以尽端式道路组织交通，私密性强，长度适中；并充分结合原有地形组织停车，采用地面停车和地下相结合的方式。

2004-2008

2004-2008

成都时代

2004 年底，山鼎工作室搬入了流星花园。流星花园办公场所作为山鼎设计的大本营经营了 10 年，直到 2014 年迁入时代一号，团队规模从 20 多人一直扩大到近 500 人。 2005 年，山鼎设计获得了建设部批准的建筑行业甲级设计资质，成为了为数不多的能在中国大陆开展全程设计业务的海归设计公司。

除了国内龙头企业万科、顺驰、龙湖等，很多地产企业都在起步阶段，山鼎设计在 2004 年后，随着中国房地产市场的高速发展，业务量也进入了高增长期。 以成都为设计中心，山鼎设计在西南地区完成了大量的设计作品，积累了丰富的实践经验，并逐步向全国开展业务。

山鼎设计除了服务于国内的主力地产公司顺驰、万科外，还根据自身在海外工作积累的经验，持续服务了凯德和嘉里等外资开发企业。在全国化发展的过程中，这些地产企业和山鼎设计一起在全国各地开展了项目合作。

成都·流星花园

山鼎设计工作室，2004

2004 年，山鼎设计搬入了由自己设计建成的流星花园项目，也是山鼎设计第一个从方案到施工图实施完整设计的项目。流星花园开创了小户型（公寓）住宅的先例。作为山鼎设计的代表作品，设计上提出了设计总负责的概念，立面深化、景观设计和室内设计都是由山鼎来完成的，全精装交付的商品房项目在当年都是全新的创举，而流星花园作为住宅公寓型产品成为了引领时代的标杆项目。项目的施工图由山鼎实施，图纸采用了国际标准和惯例，这在 2000 年还是一种创新。

流星花园作为案例可以肯定，一个成功的建筑作品，首先要有一个优秀的设计思路，实施过程也同样的重要。建筑师不仅要有好的设计方案创作能力、完整的技术文件（图纸和文件）编制能力，施工设计配合过程中，设计师必须了解建筑的功能、施工的工艺、建筑材料的特性以及完工后的运营方式等，才能让建筑物展现出完整设计思路。

山鼎设计的优势不仅体现在优秀的设计方案，还能完成一套完整有深度的设计文件。一个项目的成功关键在于设计文件的深度和合理性，在项目实施过程中起到作用。

总平面图

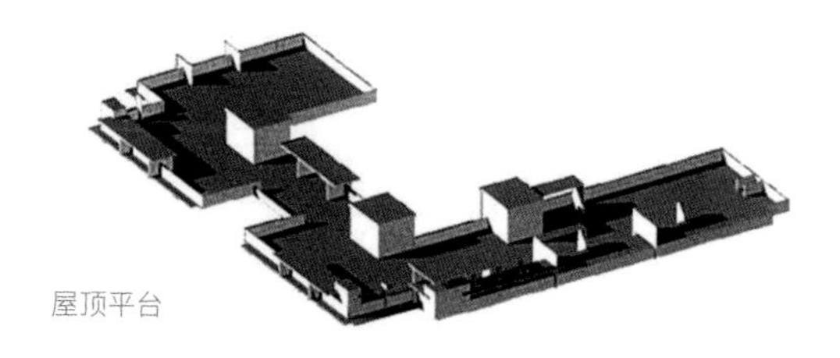
屋顶平台

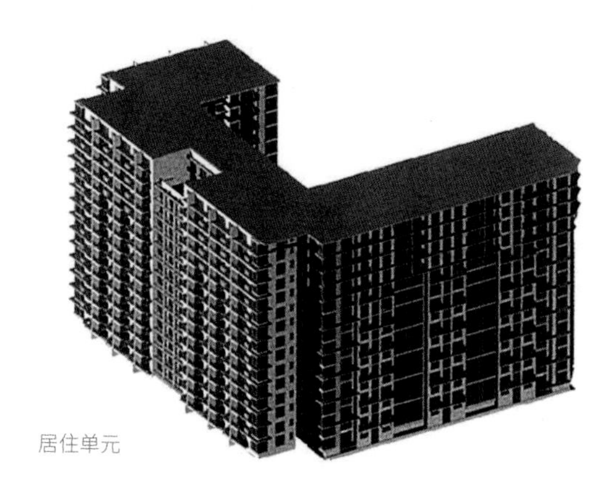
居住单元

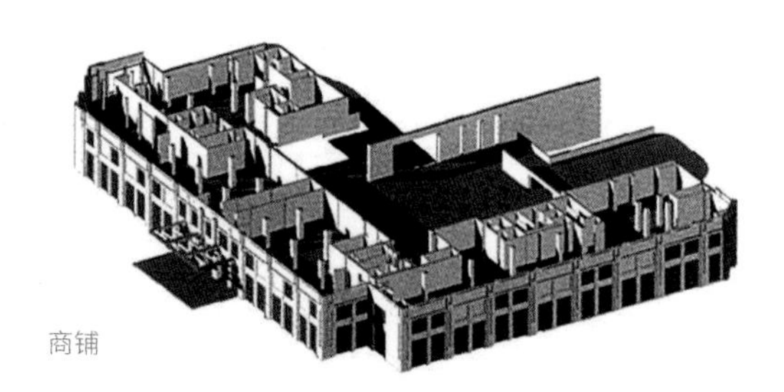
商铺

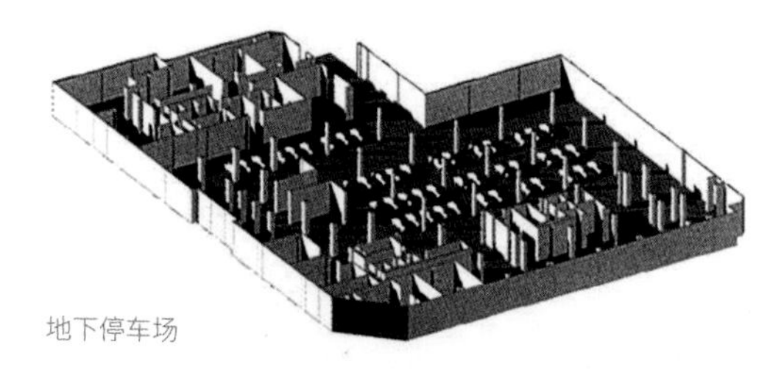
地下停车场

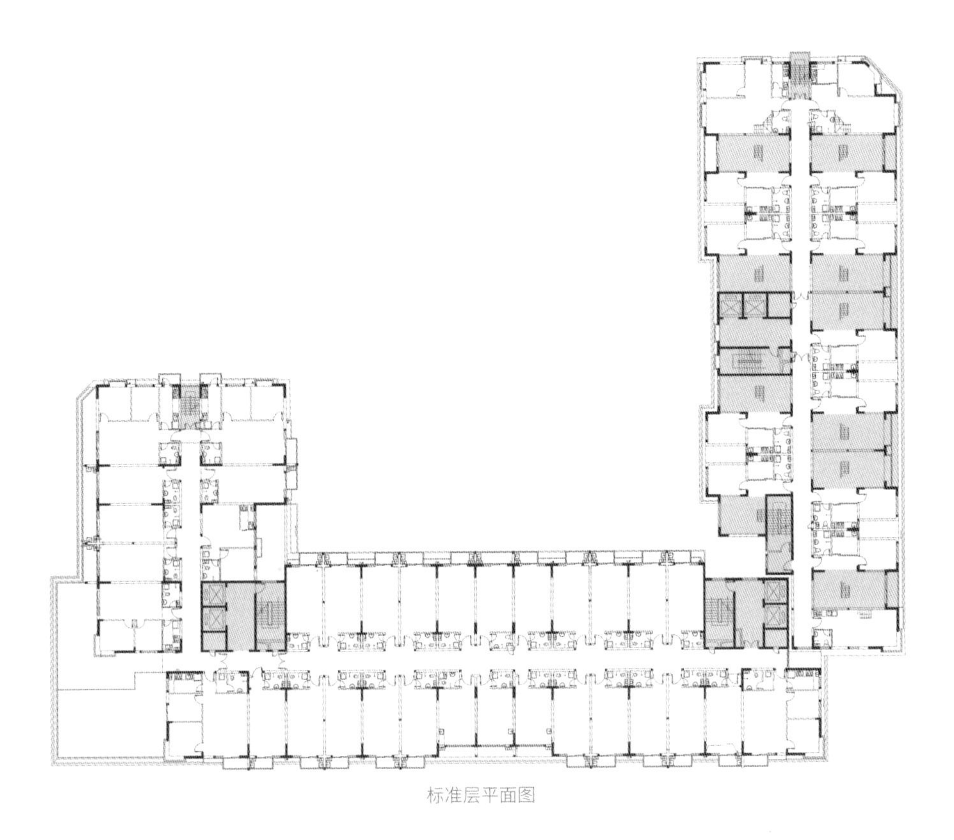

标准层平面图

立面图

谈到与川籍开发商的合作，宏凌罗小林先生是必须要说的。对山鼎设计而言，流星花园项目有着重要意义。流星花园的前身，远东世纪广场是山鼎设计在成都获得的第一个建筑设计项目。由于原开发企业的自身原因，宏凌公司在 2001 年接手了项目的开发权。幸运的是，虽然项目出现了颠覆性的调整，但罗小林先生还是继续沿用山鼎设计进行新一轮的设计。流星花园也是罗小林先生在进入成都地产市场的首个作品。

山鼎与宏凌的合作已经有将近 20 个年头了，罗小林先生是典型的川籍开发商，保持四川商人的精明和刻苦的传统。与其他开发企业老板喜欢看效果图不一样，罗先生非常务实，要求设计有很强的实施性，项目研究要亲自看 CAD 图纸，也很接受新的开发和设计理念。当年他的第一个项目流星花园是做了精装交房的，这对于一个刚起家的开发商而言是个全新的挑战。流星花园项目的成功，为山鼎和宏凌的长期合作奠定了良好的基础，公司的老员工都认识罗小林先生，但可能不一定都知道宏凌公司。

记不清合作了有多少个项目，除了流星花园项目外，罗小林先生还投资开发了安格拉的地产项目玫瑰花园（Rose Garden）。 第一次做非洲的项目使得宏凌和山鼎都不太适应，虽然设计和开发的过程并不顺利，但项目还是成功完成了。目前，宏凌还在不断地开发新项目，其中湖南怀化项目已经进行了近 10 年了。不同于和超大型的开发企业合作，和川籍开发商合作，就是和老板们的合作，罗小林是最为典型的代表人物。

二层平面图

一层平面图

山鼎设计流星花园工作室，2004

山鼎设计在 2004 年入驻的设计场所，原为会所商业空间，经过改造，钢木结构和黑白灰色调的工作室风格被同行大举称赞，并大量复制。设计还被刊登上了美国“Office Idea Book”一书，成为唯一入选的中国工作场所设计案例。工作室的平面布置采用了半开放式工作岛的形式，由于成本控制和空间不规整的因素，大部分的工作台和书架等都采用了半成品的做法， 优点是最大限度地利用场地和空间。 为了追求高空间的工作室效果，大部分空间没有进行吊顶处理，导致在冬季的空调效果不佳。在之后的几期改扩建的过程中也一直没有能很好地解决这一问题。

“设计创新”一直被山鼎设计作为设计公司的重要目标。在自己的工作室肯定要尽可能地把设计的优势体现出来，除了家具、前台等常规的内容外，还设计了灯具和隔墙等大量的非标产品。特别是钢板的大量使用，成为山鼎设计工作室的一个标识性的设计特点。目前流星花园工作室的钢板墙面在使用了十五年后还是保持着完好的状态。流星花园工作室成为山鼎设计最佳的设计实践场所。

成都·万科魅力之城 III 期

作品还是产品？ 2004

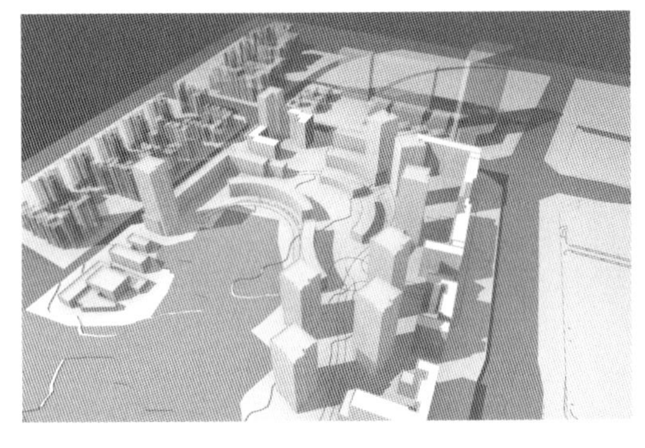

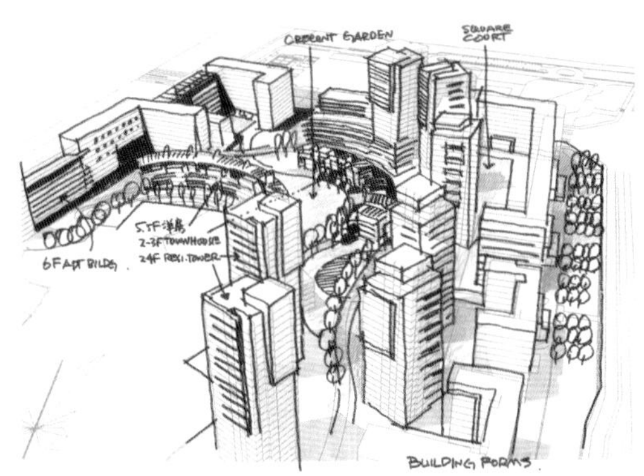

总平面图

2004 年，万科委托山鼎设计承担魅力之城 3 期项目。作为一个建筑设计项目，魅力之城无论是规划还是建筑设计，无疑都是优秀和超前的。现在回顾起来，当时国际前沿的新都市主义规划理念，在这个项目上达到了充分体现；但作为一个房地产开发项目，应该没有达到成功的标准。首先是设计成了定制产品，没有复制率，项目变成是作品而不是产品——整个社区的建筑几乎一栋楼一个样，花园洋房、多层和高层公寓，户型达到一百多个，销售户型图可以出一本书了。其次是山鼎设计团队在这个项目上的投入，不单单是上百个不分昼夜的辛苦，更大的损失是项目完成后，山鼎很长一段时间都没有和万科再进行项目合作了。

但从另外一个角度来看，通过和万科魅力之城的合作，山鼎设计的设计团队得到磨练和设计能力的提升。与当年其他开发企业不同，万科有着非常专业的设计管理部门，对项目的设计品质有很高追求。在几个月的设计过程中，万科的设计管理团队分成两组在每时每刻挑战着山鼎设计师们的能力极限，山鼎设计的万科项目组的主要成员廖方跃、杜斌和钟艺等都很块地成为公司的核心设计成员。

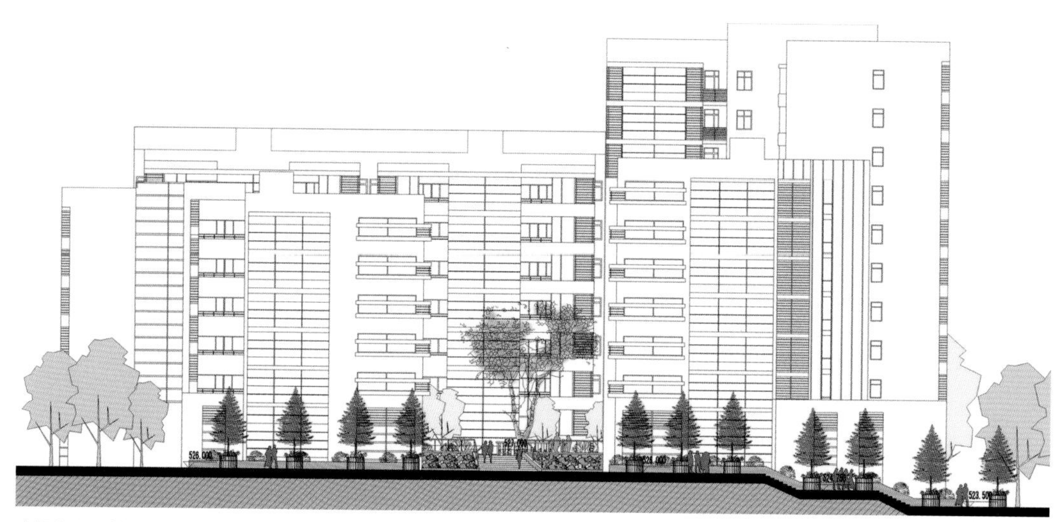

步行主入口剖面图

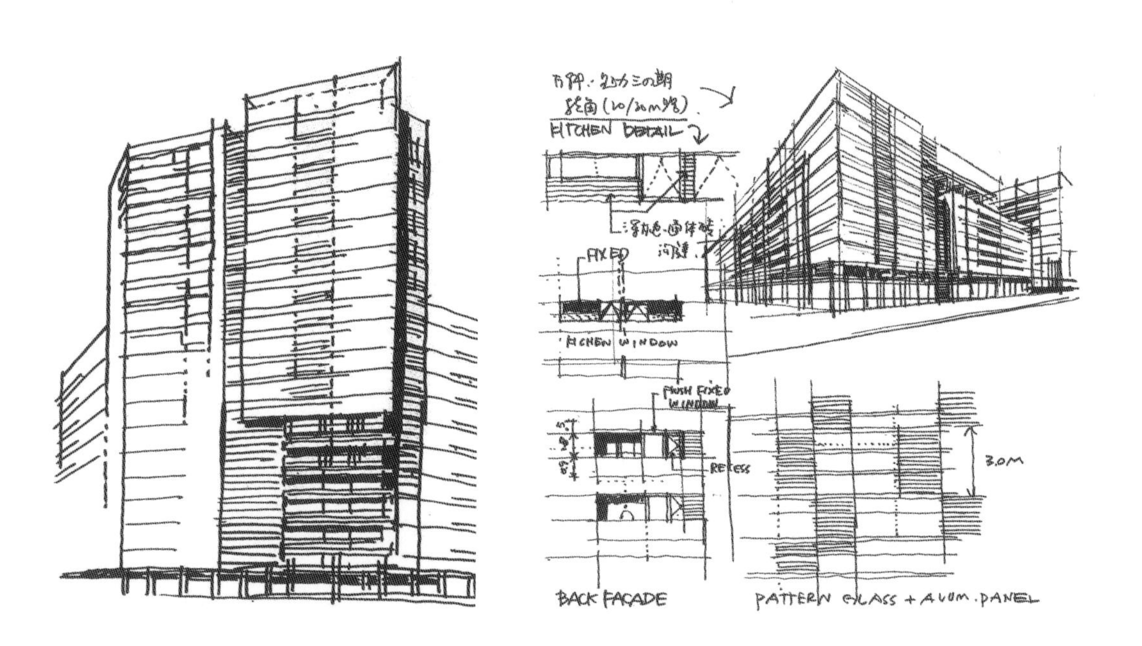
KITCHEN DETAIL
FIXED
KITCHEN WINDOW
FLUSH FIXED WINDOW
RECESS
3.0M
BACK FACADE
PATTERN GLASS + ALUM. PANEL

成都·龙湖长桥郡

北美别墅本土化之实践，2004

做第一代产品对设计公司而言是有高风险的。2004 年，重庆起家的龙湖地产开始进军成都，长桥郡便是第一个高端产品。当时，山鼎还缺乏项目统筹的经验和能力，和业主一同摸索着推进项目。业主的思路是直接到美国翻版一套美式大宅给中国的富豪们——原版木结构和装修，通过设计用混凝土和砌砖来实现，但设计、施工和使用功能、本土规范、实际需求有很大的距离。这样的定位造成了设计、施工和销售产品之间的矛盾重重，山鼎在长桥郡完成起步区合作，便很难将项目继续推进了。当然，长桥郡项目在各方的努力下，最后还是成功了，成为龙湖在成都非常耀眼的第一盘。一直到 2010 年，山鼎设计北京公司才重新开始和龙湖的合作。

总平面图

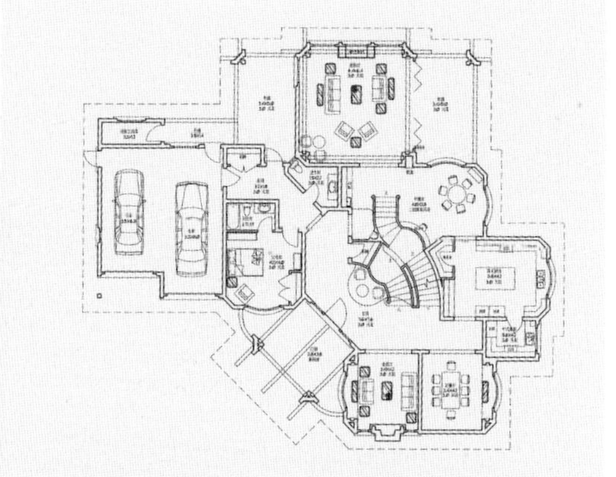

Stylemax
共聚繁华春熙
金秋华彩开业

成都·尚都广场

高层商业，2005

项目位于成都市繁华的春熙路商圈，周边商城林立，土地商业价值极高。如何把商业人流引入到高层商业区，成为商业规划和设计需要考虑的首要因素。当时国内尚无类似的成功案例，香港的时代广场就成了首选的参考对象。经过反复研究，按商业特性和层数将建筑竖向地分成了高中低三个相对独立的商业特色区，并在中庭 9 层设封闭楼板将高区和中区在空间上完全分开。这一设计手法解决了中庭尺度过高而对购物人群产生不利的视线感，同时也营造了高区的第二中庭，提升了高区的商业价值。

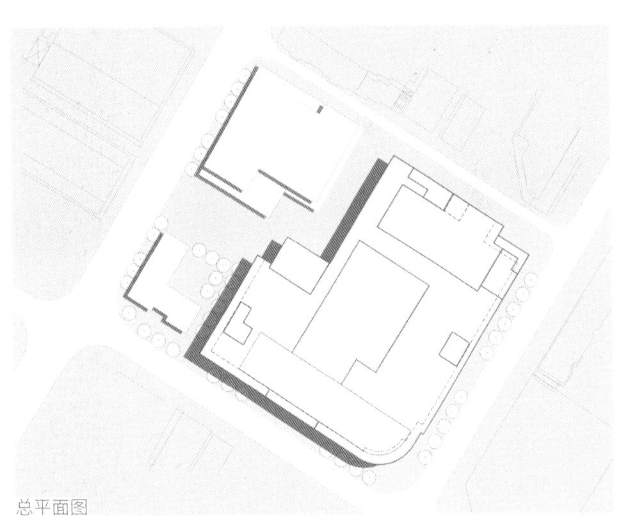

总平面图

成都·嘉里雅颂居

港资高端楼盘，2006

2006 年，经过多轮比选，山鼎设计获得了香港一线开发商嘉里建设在成都雅颂居项目的设计权。之后，山鼎设计便开启了与嘉里建设以及香格里拉酒店集团的多个项目的长期合作。山鼎设计也是中国国内唯一一家可以为香港嘉里建设完成从方案到施工图全程设计并协助全程设计管理的公司。在完成雅颂居之后，山鼎设计还参与嘉里在杭州、长沙、秦皇岛、唐山、沈阳、济南等地的项目设计。嘉里建设成为了山鼎设计的主要客户之一，也是最主要的外资业主。

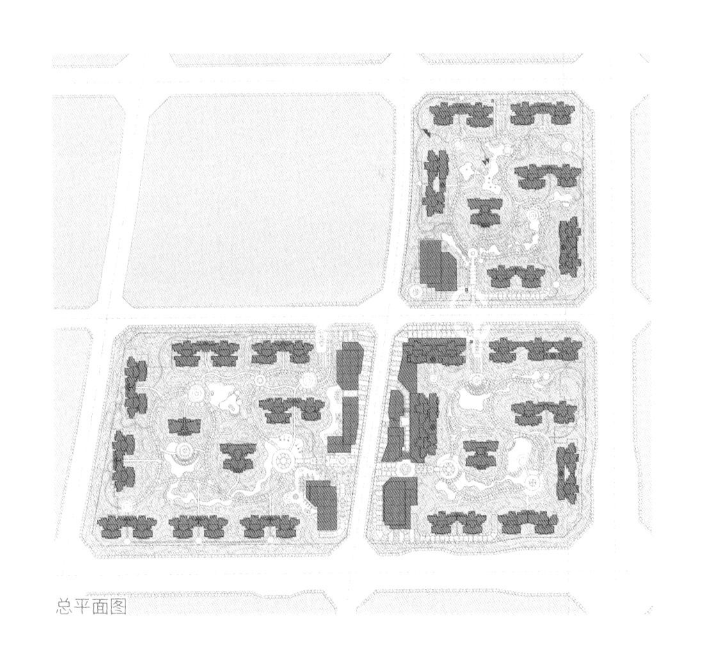

总平面图

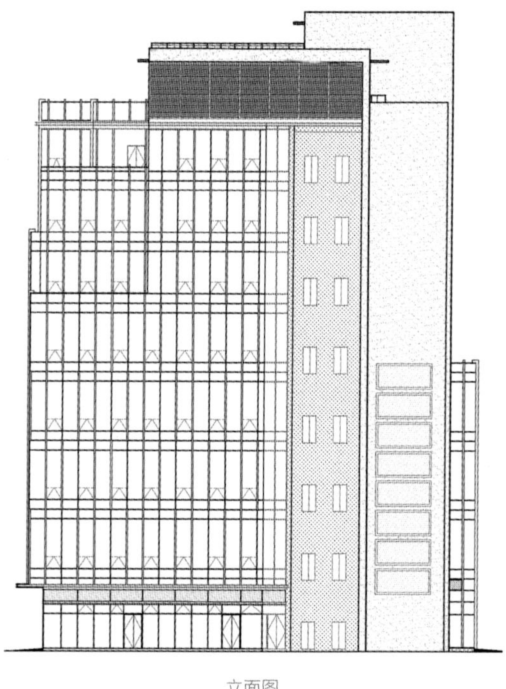

立面图

METRO PLACE 299
Haier
SCHOLASTIC

成都雅颂居项目的设计，是山鼎与港资一线开发商在高端住宅领域的首次合作。按照高标准要求，项目组考察学习嘉里建设在香港、深圳的楼盘，在公共区域、入口大堂、房型设计、厨卫尺度、外墙材料、景观空间等都做了深入的学习和借鉴。

仅户型设计前后历时八个月，我们在现场搭架样板房，感受尺度和推敲所有细节，检讨设计问题。项目进行了很多国内设计公司的“首次设计”，比如整合所有设计信息的厨卫大样图、生活阳台立面图、外墙拼砖图、配合精装的墙面开洞图等。这些设计方式非常直观地帮助了设计的检索和修正。这些方式在后来的住宅设计中才慢慢地被其他设计公司所引入。

特别是外墙面砖材料的选择，当时国内住宅项目普遍采用米黄色系的情况下，设计团队带着面砖、石材样板，飞到香港与业主交流，最后大胆地采用了米白与两种深度灰色搭配的外墙色系。后来这种色彩方式被称为“高级灰”，使得项目最终呈现了脱颖而出的独特与卓越。

通过大量的尝试修正，对细节的把控，各专业的紧密配合，与精装设计的整合，项目最终落成后完成度极高，至今仍然是片区内住宅的价值高地。

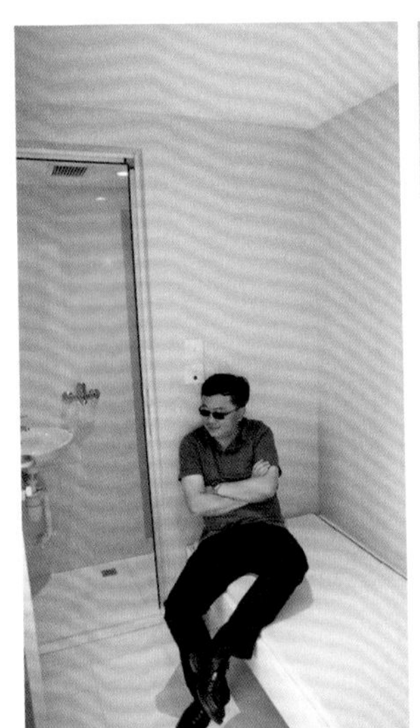

JACK & JONES
VERO MODA
JACK & JONES
VERO MODA

泸州·晋合

一个追求品质的开发商，2006

总平面图

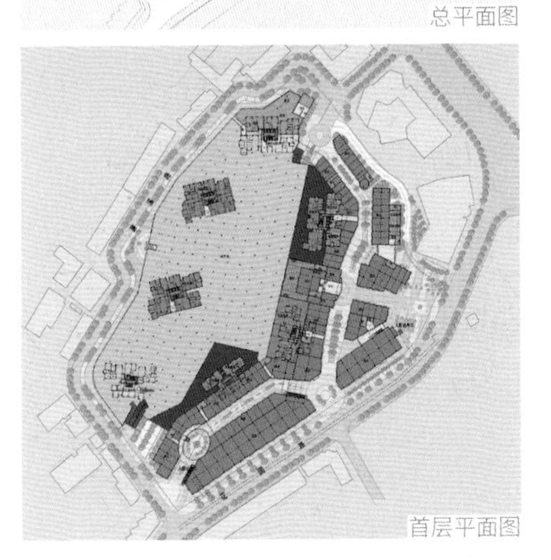

首层平面图

晋合，作为老牌开发商和山鼎设计的合作至今已有十几年了。山鼎与晋合的合作肇始于 2006 年的泸州钟鼓世家。

在泸州设计获得了项目总经理的认可之后，他将山鼎推荐给了晋合集团的董事长陈明镜先生。

陈先生在开发商圈内，以设计高要求、追求产品的高品质而闻名。他经常随身带着草图纸，如果设计师没有几把刷子的话，很难能得到他的认可。陈先生对项目的设计和质量有很高的追求，经常要求设计师把图纸放大和他一起讨论每个关键尺寸；项目工地上也会因为施工与陈先生的要求不一致，而常有导致返工的情况发生。陈明镜先生对设计和施工的细致要求，让设计团队在实践过程中学到了许多经验。

泸州钟鼓世家项目位于泸州市中心，基地是原川南行署，还有一栋“漂亮”的历史建筑——川南行政大楼。这栋建筑原是中西合璧的 Art Deco 设计风格，设计师是苏联（俄罗斯）建筑师。随着项目的开发，大楼很快消失了，一段历史也随之消失，只有街道对面的一个世纪前的德国老钟楼还在。作为建筑师，思考是否要建议开发商尽量将这栋历史建筑保留下来，然而项目规划并不支持。但，城市不就是这样更新的吗？保留的意义在哪里？其实，我们的开发商也有同样的思考。

谁之碑

二〇〇七年二月十一日下午五时，位于泸州市中心的原川南行政公署办公大楼的最后一壁墙，在挖掘机的轰鸣声中颓然倒下。当我目睹它倒下的那一刻，我看到倒下的不是一堵墙，而是一座碑。

川南行政公署办公大楼建于56年前。当时，人民解放军正以摧枯拉朽之势，横扫国民党在大陆的残余势力。1950年1月，解放了的四川成立了四个行政公署。川南行政公署在自贡成立，成立仅十五天后便迁往泸州办公。办公地址选在钟鼓楼旁的原国民党泸县政府院内，在院内新建的办公楼，就是今天倒下的这幢楼。

这幢楼在当时是泸州体量最大的楼，楼是苏联专家设计的。作这种判断一是缘于当时的中苏关系，二是建筑物是中苏合璧的充满殖民色彩的式样。建筑物的门厅、楼梯、壁柱、比例都是典型的欧式风格，但窗却同原泸县政府衙门的窗式完全一样。坡屋顶也是典型的中式风格，最突出的是屋顶上那七个亭子，完全借鉴原泸县政府衙门的屋脊山墙的造型。建筑虽然不那么协调，但却凭那巨大的体量，傲视全城的气度，成为当时川南地区最权威的建筑。

在我的想象中，有那么一群热情如火的人，为这幢建筑物付出了巨大的努力和倾注了全身的心血。那个有着强势国家优越感和国际主义精神的建筑师，肯定想把建筑设计成他个人职业生涯中的丰碑。那些将在里面办公的人员，也想把它建成彪炳史册的辉煌建筑。那个跑中央财政拨款，为建设这幢建筑筹款的职员，甚至那些肩挑背扛，加班加点，日夜赶建这幢建筑的民工，无不充满了喜悦和激情。想把它建成有着自己贡献和汗水的无字之碑。没有一个人，不希望它的永恒。所以这幢建筑，虽然在极短的时间竣工，建筑质量却非常好，不论从用料、隔音、防火、保安、防潮、通风等方面都无可挑剔。如果不是被拆除，不说五十年，就是五百年的风雨也不会摧毁它。

历史在演进，社会在发展。川南行政公署1952年9月撤消并入四川省后，相继作为四川化工学院、四川警官学院教学楼的这幢大楼终于失去了它的功能。城市的建设需要它的消失，于是在短短几天之内，它就在小小的铁臂之下被拆除了。所谓的永恒，就这样被诠释。五十五年前那些热情如火的人们，那些对这幢建筑充满了期冀、寄托了个人全部情感的人们，没有想到在这么短短的一瞬间他们的丰碑就这样被湮灭。其实也没有什么可痛的。不管是图特摩斯的方尖碑，武则天的无字碑，还是朱元璋的未完之碑，只要是碑，在历史长河的某一天，也会以特有的方式被湮灭。

没有凌厉的罡风，没有血红的残阳，碑倒下的那一刻，天地是清清冷冷的阴晦。碑倒下的那一刻，我没有听到一丝声响。

注：熊黔滇 先生撰稿

招商
2391595
米萝咖啡
MILO COFFE

SM
CITY
CoCo
KTV

重庆·SM 城市广场

外资商业地产开发在中国，2007

通过和菲律宾 SM 商业集团的合作，山鼎设计确立了在商业类项目的地位。国内的大型商业综合体（RETAIL MALL）至今还是被外资设计机构所垄断。商业设计领域，山鼎设计是目前国内知识积累在厚度和竞争优势领先的商业建筑设计企业。

SM 集团作为亚洲最大的商业广场的开发商，在国内相继开发了厦门、晋江、成都、重庆、淄博、天津等项目，山鼎得以参与了 SM 在国内的大部分项目的设计。

继 SM 合作之后，山鼎设计还服务了两家新加坡大型开发企业国浩集团与丰树集团分别在上海与宁波的商业项目（上海国浩长风城二期和宁波的丰树城），目前正在进行的还有香港富豪集团在成都的大型商业综合体。

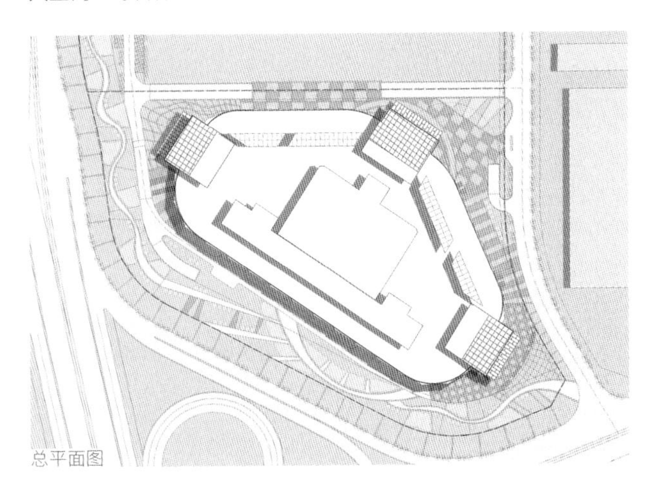
总平面图

JACK
L2

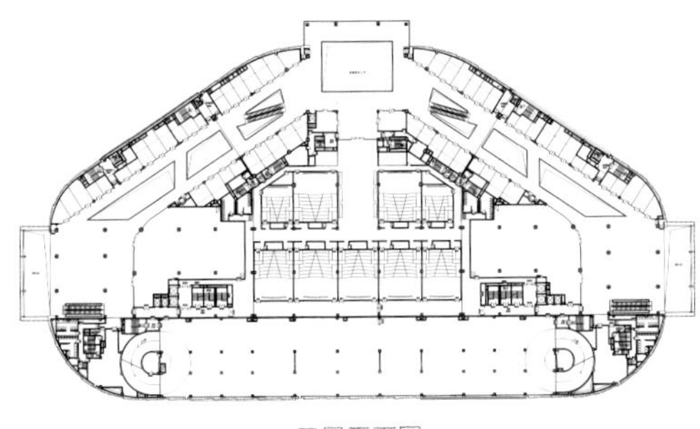
五层平面图

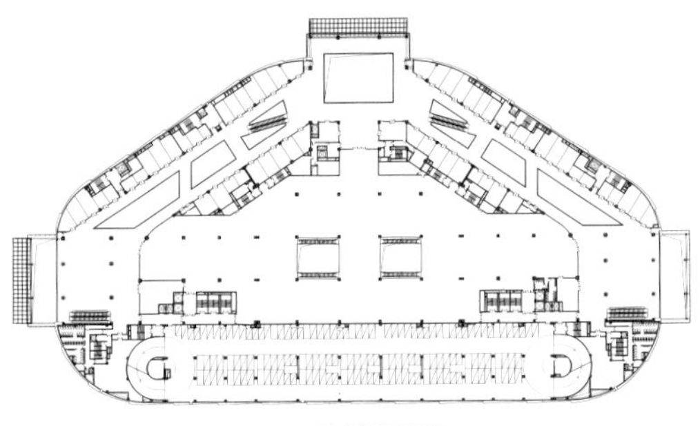
三、四层平面图

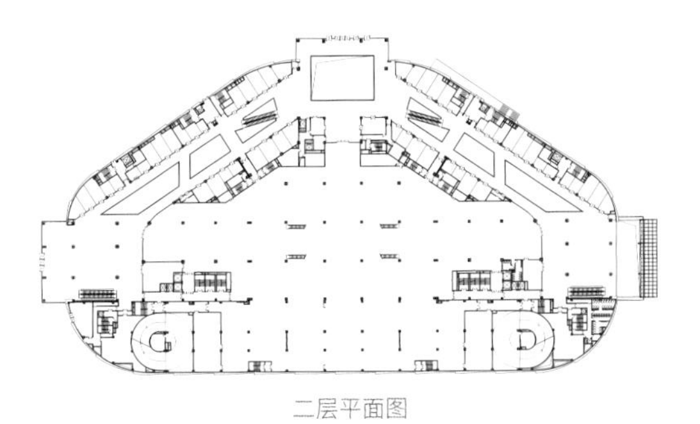
二层平面图

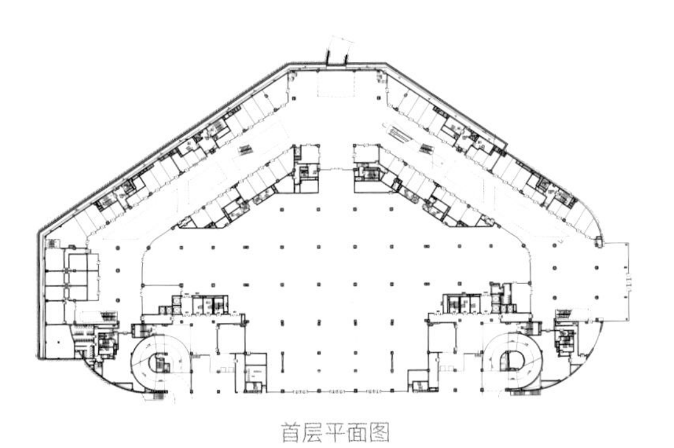
首层平面图

2003 年，陈栗和亚洲商业巨人菲律宾 SM 集团在成都重新相遇，基于陈栗在美国 Design International 为 SM 集团长期服务的经验基础，山鼎设计获得了成都 SM 广场的方案深化设计和项目设计管理合约。
SM 集团是施家家族的资产。施家的祖辈是福建晋江人，早年远赴菲律宾创业，通过两代人的努力，成为亚洲的商业地产巨头；特别是在菲律宾，和另外一家华人家族（陈家）一起控制了菲律宾的大部分的商业零售产业。施家多年来一直是菲律宾的首富，旗下产业除商业地产外，还持有金融、基础设施等大量产业。虽然施家在菲律宾富可敌国，但始终保持着华人低调的文化传统，很多人只是听说过 SM 集团，但很少对其家族有所了解。

早在 90 年代，施老先生（Henry Sy）就作为爱国华侨回国投资，在福建地级市晋江建成了一栋 15 万平方米的大型商业 Mall。在当时，不要说福建晋江，就在北京和上海，都还是在商业中心和百货公司为主要商业零售的年代，Mall 的时代还没有到来。和山鼎设计的早期项目成都熊猫商业广场一样，SM 晋江商业 Mall 的商业模式也是太过超前，建成 5 年后才完成首轮招商和开业。 同时期 SM 在厦门也投资建设了厦门 SM 广场的一期，随着二期的开业，SM 商业广场现在已经成为了厦门绝对的新商业中心地标。

由于国内商业地产的过度开发和缺乏运营经验，以及零售商业的模式发生了巨大的变化，Mall 的形式也在被新的商业业态所取代。 SM 近期没有继续在国内进行商业开发，转而又回到菲律宾等亚洲区域进行开发提升。

商业地产在中国

山鼎设计创办人之一陈栗在 RTKL 和 Design International 等国际知名商业设计公司的工作经验，使得山鼎设计在商业类项目上保持了一定的先发优势。在 2003 年，陈栗与在美国 Design International 期间一直服务的亚洲商业巨人 SM 集团在成都重新相遇，山鼎设计因此也获得了成都 SM 广场的方案深化设计和项目设计管理合约。由于当年的国内设计市场还在起步阶段，国内设计机构因为没有商业综合体项目的设计经验，因此重要的商业类项目都是由国际知名的设计公司获得。Jerde, RTKL, Callison 和 Benoy，这四大家基本上垄断中国的商业综合体项目的设计权。

山鼎设计凭借自身的优势，也获得了国内知名商业开发商的项目（类似银泰、金鹰等给了一些二线城市的项目），在积累了大量的项目经验的同时，逐步建立起在商业设计领域的地位，成为国内设计公司中的标杆。山鼎在成都完成了新希望集团的商业综合体、汇城广场（王府井）、财富中心等项目；在全国范围内也在不断拓展，特别是商业类开发，类似昆明中劲商业广场、攀枝花银泰城、盐城金鹰、淄博和重庆 SM 城市广场等大型商业类开发项目都成为当地的城市地标。

SM 中国·城市广场系列

① 成都 SM 城市广场
② 厦门 SM 新生活广场
③ 淄博 SM 城市广场

成都·凯德风尚

国内首个超 40 米高层剪力墙隔震设计，2008

2008 年的“5.12 汶川大地震”对受地震影响地区人民的生活影响是深刻的，对“抗震安全性”要求一时成了房地产市场最现实的需求。

成都凯德风尚项目为总建筑面积 60 万平方米的住宅小区，包含 26 栋 19~20 层高层住宅及 1 栋休闲商业楼、2 栋双拼别墅。高层住宅为 57m 左右的剪力墙结构，多层为框架结构。“5.12 地震”发生之时，一期 1 号 ~8 号施工图已经完成并进入基础施工阶段。面对新的形势，新加坡凯德置地再一次发扬了“科技服务建筑”的企业传统，向设计和施工提出了更高的要求：在满足规范基本要求的结构安全性之外，如何能给到住户面临地震灾害时更多的财产和人员安全保障？市场上别人没做的我们能否开拓、尝试？山鼎与中国建筑科学研究院的同仁，结合国际上抗震先进经验，提出隔震设计的思路：通过设置在地下室顶板与建筑主体间的隔震支座，隔离和消散地震能量，消减地震力对上部结构的影响，提高抗震安全性，并改善室内人员的感受。除了结构之外，贯通地上地下的电梯、设备管线等都需要隔断又连通，这对设计团队无疑都是全新的课题。在与兄弟单位通力协作、团队上下勤勉努力之下，项目得以顺利实施。

设计及建设完成后，隔震设计成了本项目的最大亮点，也是国内乃至世界上鲜见的大规模高层剪力墙实施隔震技术的住宅项目。2011 年 12 月，中国建筑学会授予本项目隔震工程专项设计“优秀建筑结构设计二等奖”。2013 年的芦山地震，住户反馈震感微弱，设计达到了预期的效果，对隔震技术在居住建筑领域的应用做了有益的尝试。

业内人士可能会有这样的问题，高层建筑在首层和地下室的断缝是否会导致大楼倾覆的危险？橡胶支座的耐久性能保证吗？我们的工程师经过大量的资料整理及研究，解决了人们的顾虑：（1）倾覆问题通过局部位置设置抗拔装置解决；（2）耐老化问题，根据耐久性相关实验研究，在正常使用条件下，橡胶支座产品在 60 年使用期后，各项指标变化率均小于 20%，因此隔震支座在正常使用情况下至少能够提供建筑使用期内的耐久性能 。为确保其安全性，设计中也提出了对橡胶支座定期检查维护的要求，这对后期的管理也提出更多的专业性要求。

值得研究的是隔震系统的实际成本投入。根据测算 ，工程采用隔震技术之后 ，每平方米造价大约提高了 10 % 左右。然而，时过境迁，现在每一次周边地震都成了成都人网上调侃的“吐槽点”。成都人对地震似乎已经脱敏，今天来看，这 10% 的投入是否还是一个明智之举呢?

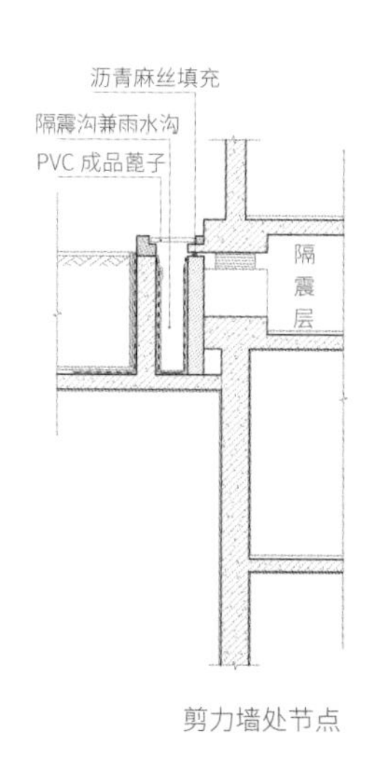

剪力墙处节点

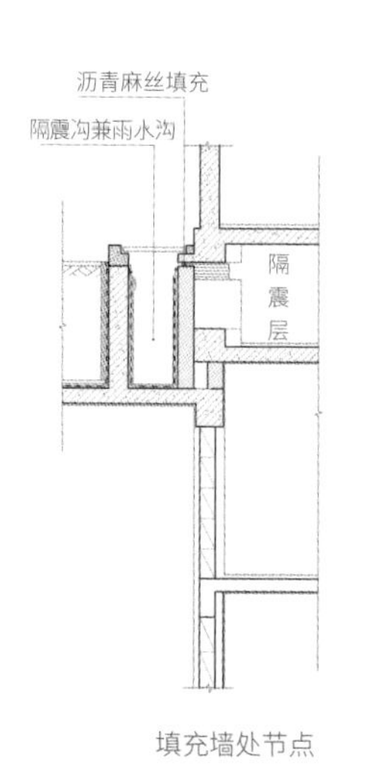

填充墙处节点

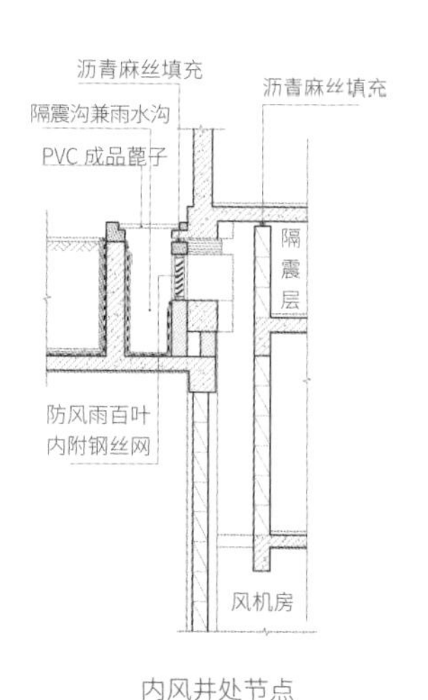

内风井处节点

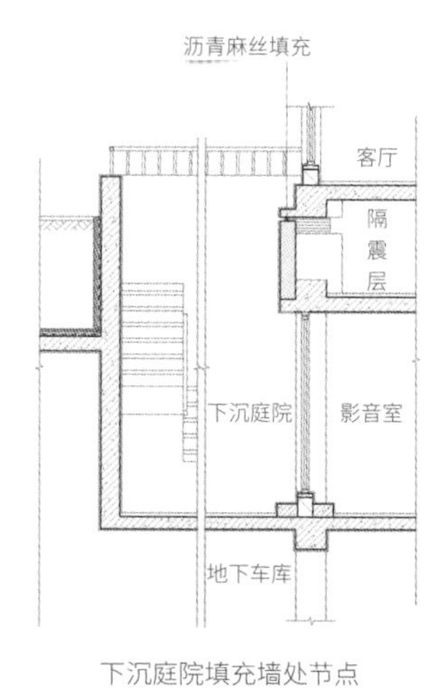

下沉庭院填充墙处节点

檀木林城市名人酒店
TANMULIN CELEBRITY CITY HOTEL

自贡·中铁檀木林酒店

花园中的酒店，2008

自贡檀木林的历史可以追溯到清代，据说原建筑中还保留了张之洞的一张太师椅。

檀木林宾馆在新中国成立初期是接待国家领导人的国宾馆， 因此一号楼作为历史保护建筑被要求保留。新一号楼是按原建筑比例和材料重建的，因年久失修和加建，许多细节只能依据历史史料进行设计复原。 修复后的一号楼，除了内部功能植入了当代酒店在空间和舒适度方面的功能要求，在外观上更是成功重现了历史建筑的精彩风貌。

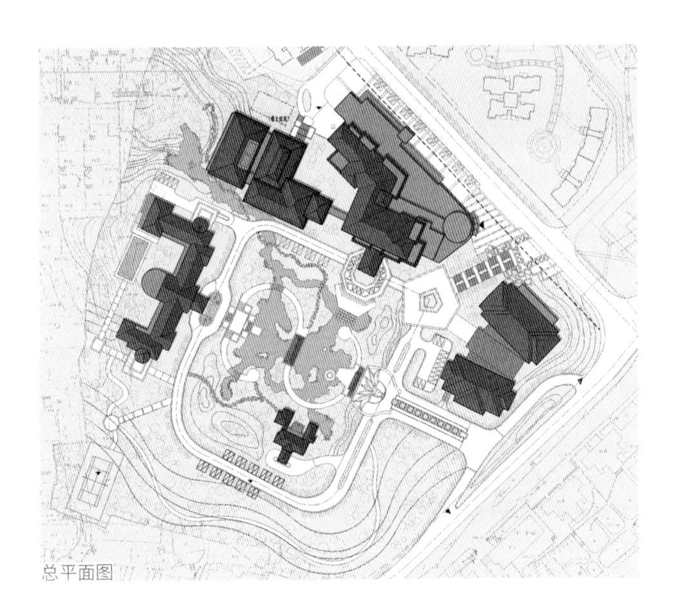

总平面图

设计模型

檀木林原一号楼改造

晋合·株洲湘水湾

湘江边上的明星社区，2008

晋合株洲湘水湾的项目是新加坡晋合集团在内地的又一超级大盘，是继泸州钟鼓世家、苏州晋合别墅等项目之后，晋合与山鼎设计的又一次合作。自 2008 年开始总体规划至今，山鼎设计分别设计完成了包括湘水湾高尔夫会所及多个住宅组团和商业配套在内的多个子项。经历十多年的开发，项目已经进入尾声阶段。湘水湾的总体规划、建筑设计和产品品质都为项目赢得了良好的声誉，成为了湖南的明星楼盘。

项目位于湖南株洲市天元区南部，东侧为珠江南路，南邻湘江，西靠生态运动公园，北临长江西路。基地内部以浅丘地形为主，局部起伏较大，区域位置优越，周边自然景观条件得天独厚。项目所处地域颇有田园风光之美，故规划上保留自然之趣，少斧凿之工，避免破坏原有生态背景；用地俯览湘江，尽收千米江景，观江界面最大化成为资源利用的必然手段。通过观江距离和展幅的渐变，区分产品层次，丰富产品形态。围绕球场公园形成带状住宅群落。以点式为主，板式为辅，视线通透，压迫感小。同时注重建筑风格与高尔夫文化内在匹配，使建筑成为球场公园的空间背景，也让球场公园成为建筑空间的景观界面，巧于借景又不施加空间压力。

总平面图

晋合·株洲湘水湾会所

山鼎和 RAD 的合作项目，2008

作为株洲湘水湾超级大盘的一个重要核心组成部分——湘水湾高尔夫球场——球场的会所、配套规划和方案是由山鼎设计的长期合作伙伴（美国 RAD 设计公司）与山鼎设计一起完成，并且由 RAD 的首席设计师 Rafacl 亲自设计。RAD 和山鼎设计的合作有着多年的历史，它是一家专注于酒店、会所和度假类项目的专业设计公司。

会所的规划和建筑，功能、平面布置都是由建筑专业主导完成，再由室内设计公司进行细化和软装设计。 会所的规划设计充分利用了场地和球场之间的高差，以及会所与湘水湾社区整体规划的位置关系。建筑群包括了一栋近7000平方米的多功能高尔夫会所，两栋独立别墅和一栋练习场。 建筑设计采用传统的大屋面乡村风格，成为了高尔夫球场的中心点，在会所的每个角落都能享受到高尔夫球场的不同景色。会所与道路另一侧的高尔夫别墅区形成呼应。

会所二层平面图

会所一层平面图

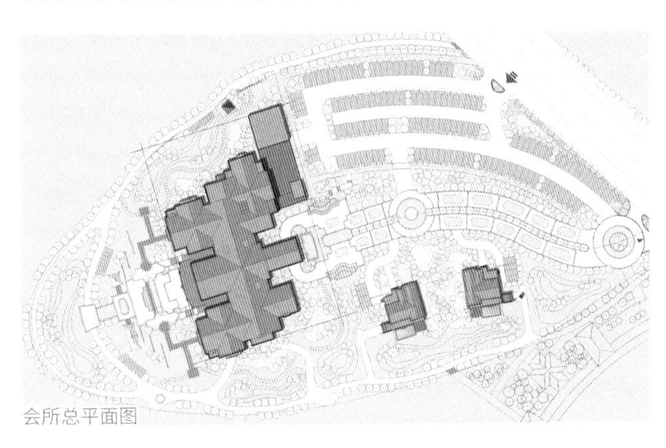

会所总平面图

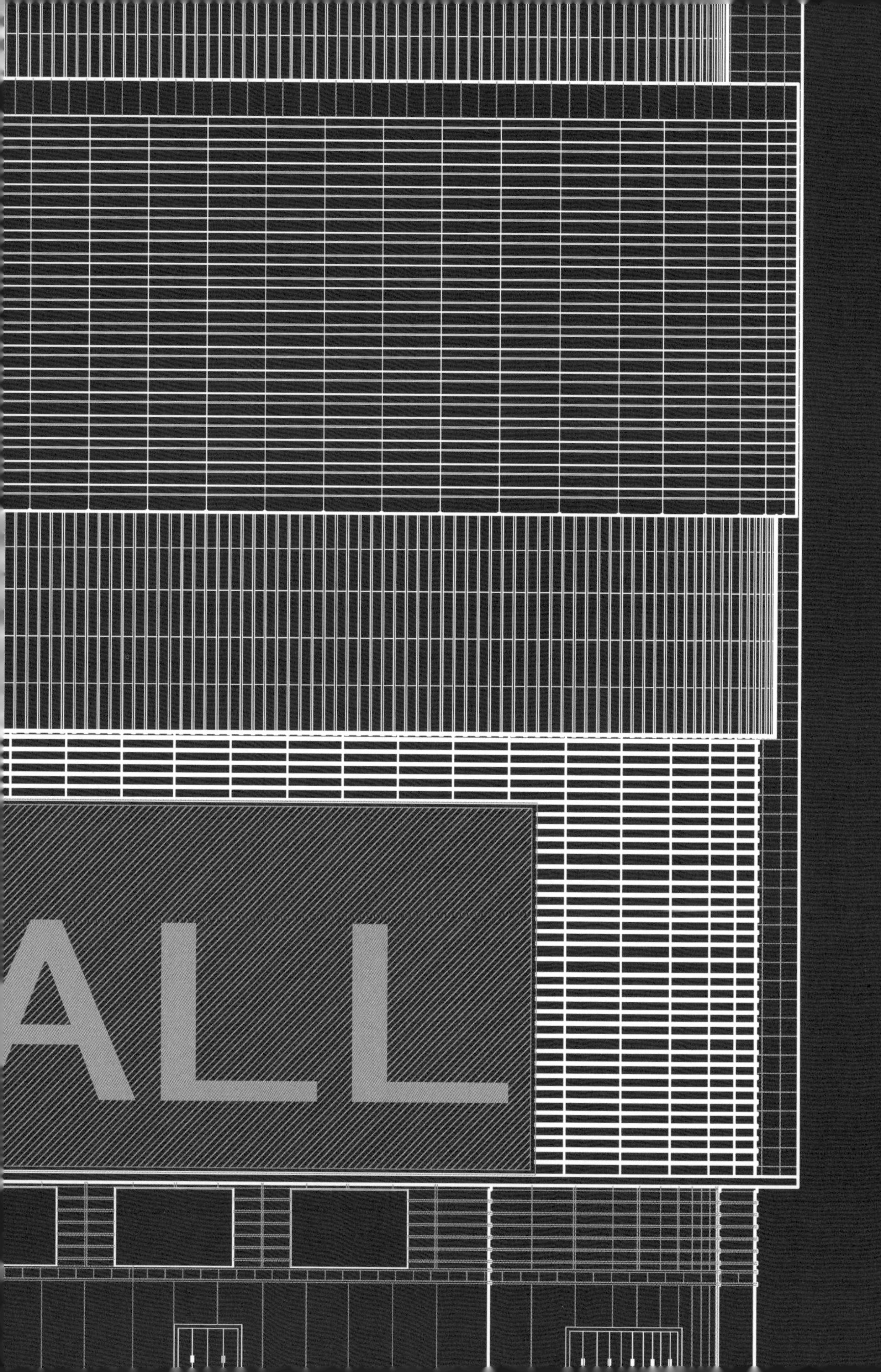
ALL

2004-2008

其他作品

2004 成都·祥域
成都·蔚蓝卡地亚

2005 成都·东郊红枫岭
成都·康河郦景

2006 杭州·桦枫居
苏州·晋园
成都·上善国际
成都·中铁瑞城新界一期

2007 成都·花园上城
成都·国嘉新视界
成都·中铁瑞城新界二、三、四期
成都·欧香小镇
成都·欧香酒店
成都·雕塑 Club
成都·西锦国际

2008 成都·紫檀
成都·力德时代
成都·青城 365 宅院
成都·无国界

成都·祥域

地点：中国，成都
规模：126,117 ㎡
业主：嘉润实业
时间：2004

本项目位于成都市金沙片区。该区域由于金沙遗址的发掘，具有浓厚的历史沉淀和人文环境。规划设计采用庭院围合方式，强调住宅景观的均好性。通过高层住宅、商住楼、高层办公楼布局围合出大型中心景观庭院，强调大尺度大间距的布局特点，各楼号之间通过适当的转角、拼接，营造出三个互有联系而又相对完整的半围合式庭院，带来庭院空间的层次变化，丰富园区空间的多样性；通过精雕细刻的户型设计和立面处理，充分体现“都市精英社区”的人文环境和项目特征。

成都·蔚蓝卡地亚

地点：中国，成都
规模：125,000 ㎡
业主：成都阳明房地产
时间：2004

本项目将低密联排居住建筑结合自然坡地环境，将人与自然，建筑与自然，人与建筑，人与人之间的关系有机融合、和谐演绎，构筑出当代居住社区与自然和谐共生的境界。设计师的建筑设计灵感则来自法国南部小镇的温情别墅，以新城市主义为设计纲要，依托优美别致的坡地脊谷地貌，创建了浪漫法国风情的现代高尚别墅区，呈现出成都南延线城市近郊充满人情味的精品生活方式。

成都·东郊红枫岭

地点：中国，成都
规模：1,050,000 ㎡
业主：中房集团成都房地产开发总公司
时间：2005

项目用地位于成都市东郊二环路外，是中房集团响应当时高密高强度城市发展战略，在城市中心区域开发的最大规模的住宅项目，设计竞赛引起了国内外设计公司的高度关注。山鼎设计方案之所以胜出，并赢得整体设计权，主要是由于在保证高强高密度的开发指标的同时，通过组团围合空间规划，为居住空间提供了充足的舒适度与生活品质；楼栋建筑设计则引用欧陆建筑神韵，融入现代审美与人情味，使居住者情感回归于宁静与自然，赋予社区独特而又大气统一的风格，从而达到了“国际化生活品质，人文化现代居住”的优质社区标准。该项目获得 2009 年度中国土木工程詹天佑奖之住宅小区优秀规划奖。

成都·康河郦景

地点：中国，成都
规模：268,043 ㎡
业主：成都汇联房地产
时间：2005

项目位于成都双楠，北侧临近风景秀丽的浣花溪公园，是传统上非常理想的居住片区。项目的空间规划沿用了组团周边布局，围合成内部院落大空间，形成中心景观花园，是居民交流分享的公共空间；而小区主入口的空间，结合沿街多层商业，做了独特的仪式化设计，有效提升了住区的形象品质。

杭州·桦枫居

地点：中国，杭州
规模：232,000 ㎡
业主：嘉里桦枫房产
时间：2006

设计从现代人居住模式出发，力求科学、合理、细致，同时具有一定的超前性和使用弹性。住宅建筑以米色为主基调，用竖向划分约束整个形体，配以凹凸有致的阳台、凸窗来构成整齐而不失活泼人性化的立面。在顶层复式住宅单元中利用退台变化来丰富建筑天际线，减弱高层住宅的空间压迫感；商业立面设计手法与住宅统一协调，在色彩上则增加了些暖色调材料以烘托出商业街热闹的气氛。

苏州·晋园

地点：中国，苏州
规模：34,000 ㎡
业主：新加坡晋合置业（苏州）
时间：2006

项目位于苏州市工业园区金鸡湖西畔，周边具有良好的景观环境——基地东面为金鸡湖湖滨绿化带和星洲街，西面为芙蓉街，南面有自然河道和绿化景观带。总体规划理念旨在创造风景式的别墅空间形态，打造高品质的现代城市家园别墅社区。设计风格典雅而温馨，充分考虑人居环境与基地周边景观的结合，以营造美观、实用、舒适、和谐、健康、生态节能的居住环境为目标，使之成为真正意义上的苏州高品质别墅社区。

成都·上善国际

地点：中国，成都
规模：74,000 ㎡
业主：上善实业
时间：2006

项目沿成都中轴线人民南路展开，结合锦绣花园东侧入口，分为南北两个地块，用地南北长向，东西进深短（仅20多米），地下和地铁一号线桐梓林出口连接，对设计提出了极大的挑战。按规划要求，南侧用地为多层商务综合楼，北侧用地为主体百米甲级写字楼配套高端集合式商业裙房。设计解读了用地复杂的功能要求、严苛控规条件的限制，解决了竖向设计中项目交通与城市道路、地铁站口的合理关系，利用地铁人流带来的商业机会，配合业主对项目核心价值的要求，运用BIM技术研究空间的极致利用，融入绿色节能措施，保证项目从内到外的全生命周期品质。建筑结合用地特点形成微弧面体型，成为独特的城市景观。建筑师对外墙材料和玻璃质量的极致要求得到了业主的全力支持，我们相信只有如此亲密无间的合作，才能实现双方共识的社会价值和人文高度，也是项目成为城市中轴线和桐梓林国际社区门户的标志性建筑的有力保障。

成都·中铁瑞城新界一期

地点：中国，成都
规模：300,000 m²
业主：成都市新川藏路建设开发责任有限公司
时间：2006

本项目设计采用低密度社区组团、半围合院落、多重景观层次、空中花园等设计手法，将多层公寓社区特点发挥到极致；规划中央风情商业街联系东西地块，不同尺度的社区组团融入中心景观空间，并各自形成景观庭院；空间形式具有清晰的层次感，有着和谐、统一的大盘风范；建筑立面采用多重退台的设计给视觉以丰富感观，大胆重组空间，充分凸显低密度住宅独有的自然资源优势。

成都·花园上城

地点：中国，成都
规模：41,588 m²
业主：成都花园开发建设有限公司
时间：2007

项目位于成都市青羊区二环路外侧，毗邻四川省委党校，是成都花园小区五期二号地块。项目规划设计的重点是别样的空间布局，人性化的户型设计，崇尚自然的人居环境与极具特色的立面造型共同构筑的高品质特性。设计对空间的划分是立体多变的，通过住宅塔楼的围合布局，形成两个院落空间，为居民交流休闲提供宜人公共空间；交通与道路便捷衔接，院落内却又远离纷扰。

成都·国嘉新视界

地点：中国，成都
规模：87,000 ㎡
业主：成都国嘉地产
时间：2007

本项目位于成都市中心城区，二环路内侧，是成都把东大街规划为金融街后第一个实施完成的综合体项目，从设计到建设完成仅用了 18 个月。底层商业立面结合塔楼主体立面元素构成，兼顾商业特性，加入檐廊的设计手法使商业价值延伸到二楼，达到“立体商业”的效果；整个带状分布的商业形态成为有机整体，建筑形态动感、外观时尚简约，富有金融建筑特征，是金融街的开篇之作。

成都·中铁瑞城新界二、三、四期

地点：中国，成都
规模：300,000 ㎡
业主：成都市新川藏路建设开发责任有限公司
时间：2007

项目规划为低密度社区组团，采用半围合院落、多重景观层次、空中花园等设计手法，将多层住宅公寓社区的特点发挥到极致；中央风情商业街联系东西地块。不同尺度的社区组团融入中心景观空间，并各自形成主题景观庭院，空间形式具有清晰的层次感，和谐统一却不失各自庭院的特点。建筑立面采用多重退台的设计给视觉以丰富感观，充分呈现低密度住宅独有的自然资源。

成都·欧香小镇

地点：中国，成都
规模：320,000 m²
业主：成都星慧置业
时间：2007

成都·欧香酒店

地点：中国，成都
规模：59,000 m²
业主：成都星慧置业
时间：2007

项目位于成都高新区大源生活片区，西邻剑南大道，定位为该区域高端居住及酒店。住宅区分为大尺度双拼联排别墅区，以及北侧百米大平层高层住宅塔楼两类产品体系。建筑外观采用简约欧式的造型，建筑形象尊贵大气，呈现原汁原味的欧陆风情。提供 300 间客房的五星级酒店整体高度 130 米，外墙通体采用进口石材，塑造庄重典雅的整体建筑形象，更呈现极致奢华的品质。

成都·雕塑 Club

地点：中国，成都
规模：47,000 ㎡
业主：成都金鸿实业
时间：2007

项目地块属成都市中央商务区，位于锦江区，东临红星路四段，紧临城市广场。单体设计充分理解用地条件上的局限性，在户型设计上创建性地采用“钻石”形体，寓意珍贵和时尚典雅；不仅解决了小户型功能多样所带来的需要，也使建筑体型具有强烈的识别性，完美契合项目案名“雕塑”。项目“自然”地引入阳光、屋顶花园，赋予小户型集合住宅更加生动活跃的公共交互空间特点。

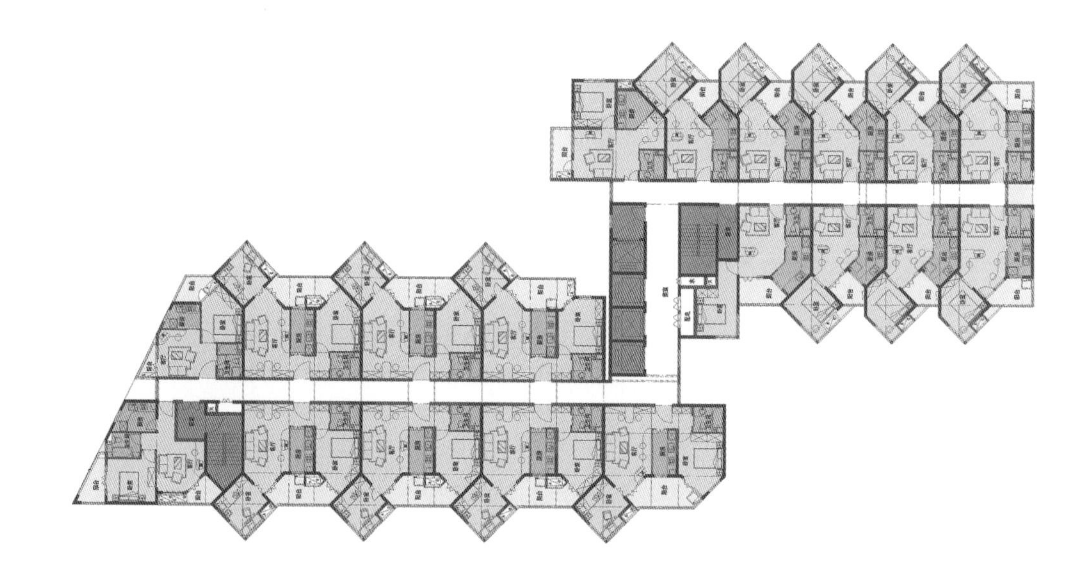

成都·西锦国际

地点：中国，成都
规模：197,000 ㎡
业主：成都易和置业
时间：2007

项目位于成都市区西门一环路内侧，地处成都市规划中的中央居住区（CLD）、骡马市、会展和羊西线等三大商圈辐射中心，为传统西贵之地，具有成都城市核心地带资源优势。项目设计将两栋办公塔楼的形象设计为城市标志，带动住宅公寓沿城市道路展开，裙楼商铺则以丰富的商业元素通过外廊和自动扶梯等交通体系，把一层二层及以上商业串联起来，在城市中心形成独特的地标形象。

成都·紫檀

地点：中国，成都
规模：290,000 ㎡
业主：成都千和物业发展有限公司
时间：2008

项目用地北临二环路，东临人民南路，呈长方形分布，南北227 米，东西 164.7 米，东侧临凯宾斯基饭店，南面是凯莱帝景花园，西面是中华园，北面临二环路城市公共绿化带，地理位置相当优越；特别是二环路城市界面，能够从远及近地观赏建筑的风貌。建筑师充分理解项目的重要性，与业主一起研究，确定以精装大尺度户型和奢华公共空间为成都新一代的豪华住宅建立标杆。规划、建筑、室内和景观设计同时展开，互相融合，虽然过程中遇到诸多矛盾，但从实现的成果来看，名列近十年来成都最为高档的居住社区之一，已经是业界的共识。

成都·力德时代

地点：中国，成都
规模：67,000 ㎡
业主：淳科实业
时间：2008

力德时代，项目原案名为武侯创意园，位于成都市武侯区的高新产业园，东侧毗邻三环路。园区是成都市早期规划的高新科技产业园区，地理位置随着时代的发展，基地极佳的区位已经不再适合用于工业生产的用地功能。

力得时代的规划是将园区打造成为一个新型的复合型创意园区。建筑单体分为三个主要客户类型，有可以作为企业总部的类别墅独栋、新型科技服务产业的多层大空间单元和适用于创业初期团队的高层公寓式小单元。在建筑群的首层设置园区的商业配套，并在局部架空形成交互空间。规划布局上，因基地和建筑功能的属性，不受对建筑日照的控制要求，而采用北低南高的布置，形成有丰富层次感的城市天际线。

成都·青城 365 宅院

地点：中国，成都
规模：68,462 ㎡
业主：都江堰青城旅游开发有限责任公司
时间：2008

项目地处旅游胜地青城山前山门，规划为度假性质的城市第二居所。设计的产品结合了本土人居需求，把地域文化诉求融入生活品质，创建性地以合院的形态满足旅居要求，四合院、六合院、八合院等院落空间，给居住着极大的选择性，也给居住者回归大院聚落的居住体验。空间的共享和私密相得益彰，社区分级“街 — 巷 — 院” 导入不同级别的道路，给山脚下的生活注入了活力和魅力。

成都·无国界

地点：中国，成都
规模：480,000 ㎡
业主：川大科技园（南区）开发有限公司
时间：2008

项目地块位于成都市高新区的国际金融服务区域核心区；地块东侧为中国水电大厦的办公楼及酒店，南侧毗邻 SAP 成都中心，西邻西南通信研究所。项目用地并不大，三面沿城市道路，交通便捷，便于塑造建筑形象。项目的容积率非常高，物业类型以商业和办公为主，通过建筑师和业主的紧密合作，共同确定了以几种复杂的多功能业态，实现项目的最大价值。通过充分的论证，项目最终以超高层办公楼、高层办公楼、高层住宅、联排别墅等建筑业态实现了发展目标。

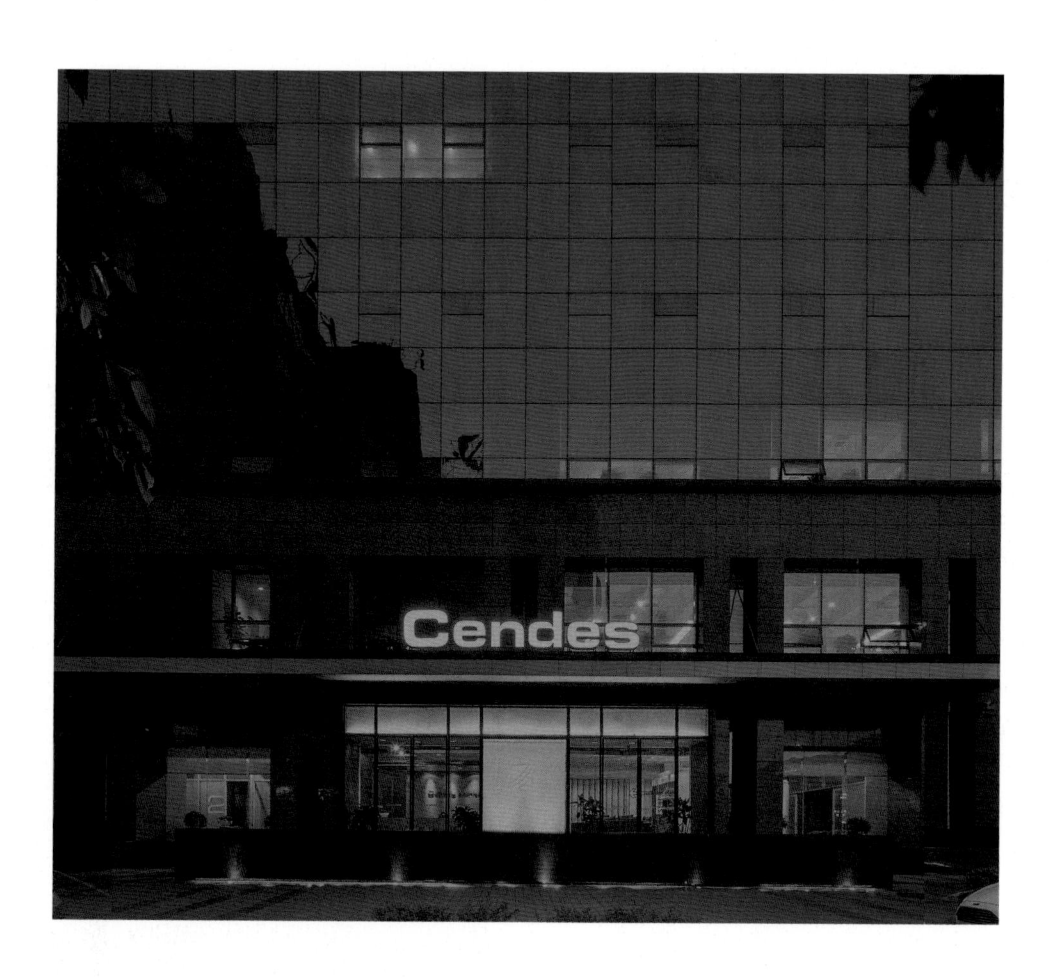
Cendes

2009-2014

全国战略

从 2004 年山鼎设计搬入了流星花园算起，流星花园办公场所作为山鼎设计的大本营经营了 10 年，面积从 780 平方米一直扩大到了 3 千多平方米。团队规模从 20 多人一直扩大到近 500 人。因为工作量一直超强，工作室的灯 24 小时都是开着的，为了提高效率，还在公司楼上开办了山鼎食堂。多年来，山鼎的食堂成为公司凝聚力的重要场所，到今天还是公司的传统亮点。

山鼎设计迁入流星花园后，公司规模和经营业绩得以快速增长。如何实现公司价值是管理层必须思考的课题，结合国际公司工作的管理经验和本土设计行业的营运特点，山鼎设计确定了坚持以“年薪 + 绩效考核奖金”为公司的基本制度，创立了以工时表（time sheet）为基础的山鼎设计数据管理体系，从 2006 年开始坚持十多年地全员执行，期间所经历了管理团队和员工们的质疑，最终仍然被大家认可。今天看来，收集的数据为管理层在项目成本管理、绩效考核评定、市场拓展判断以及财务系统核算，提供了有效的数据支持。公司成为中国设计行业中最早建立以数据为管理导向的建筑设计公司，为公司走入资本市场建立了基础并成为行业标准。

2009-2014

CENDES

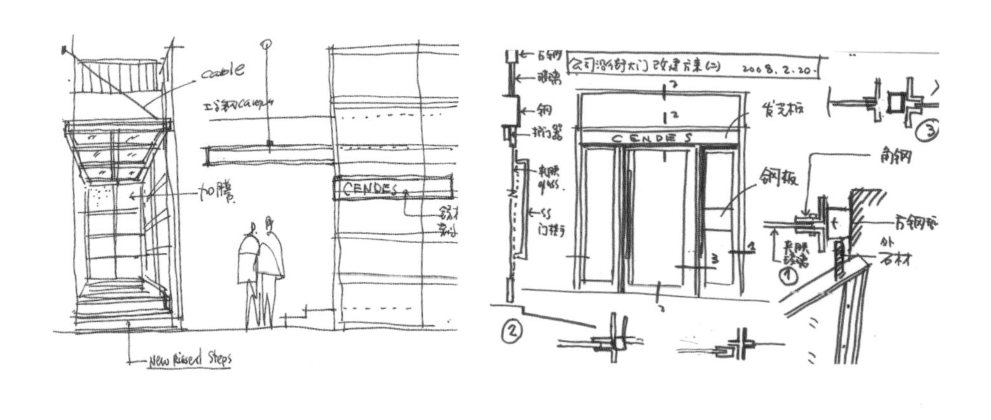
cable
CENDES
New Raised Steps
CENDES
2008.2.20
钢板

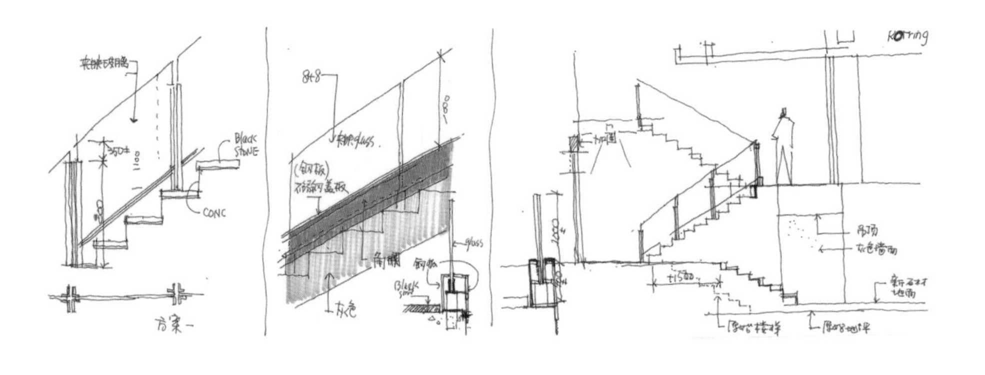
Black STONE
CONC
方案一
glass
Black stone

流星花园改扩建

山鼎设计大本营，2008

在原山鼎设计流星花园工作室的基础上，对公司办公区进行了重新设计和全面的升级改扩建工程。新的室内设计空间，钢木结构和灰白色调的工作室风格被其他设计院大量地复制。设计还被刊登上了美国《Office Idea Book》一书，成为唯一入选的中国工作场所设计案例。流星花园成为山鼎设计的设计实践的最佳场所。

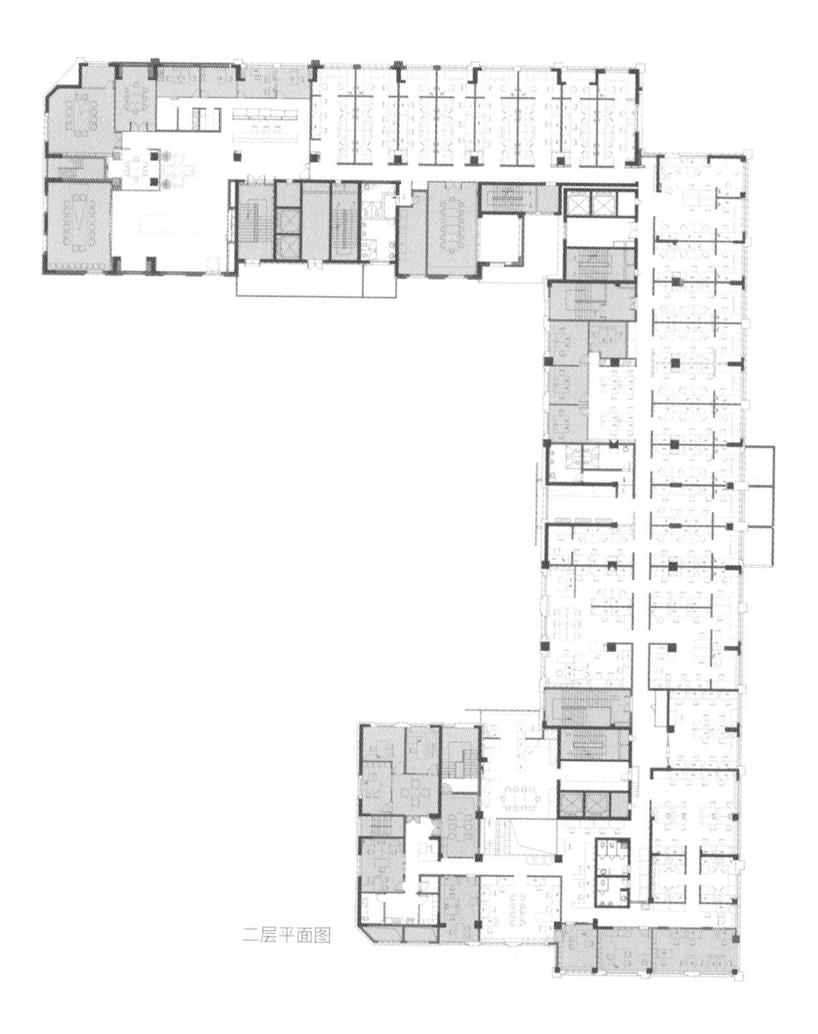

二层平面图

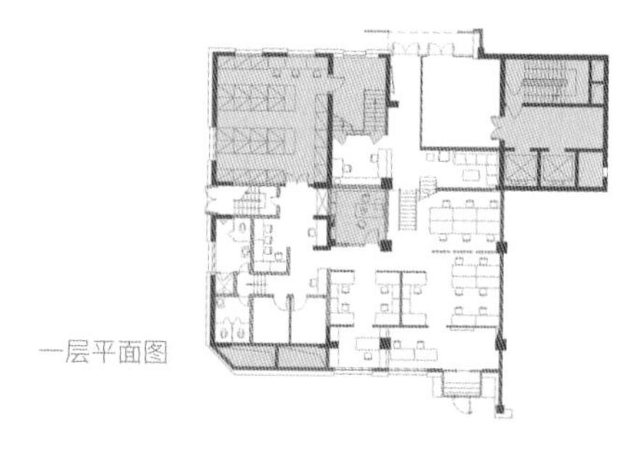

一层平面图

CENDES INTERNATIONAL

Cendes
Cendes

DELL

北京山鼎（建外 SOHO）

2008-2009 年，尽管遭遇四川大地震和房地产经济下滑的外部环境，但因为山鼎设计本身业务资源的多样化和创新设计的能力，公司业务还是保持了上升趋势。随着公司全国化战略的实施，对当地项目的就近服务也成为了公司业务发展的必要条件。2008 年，山鼎设计先后在西安和北京开设了 2 个子公司。通过几年的发展，西安和北京山鼎都取得了一定的成绩，人员规模都分别达到了 100 多名，并在西北和华北地区获得了一定的行业知名度。

西安山鼎

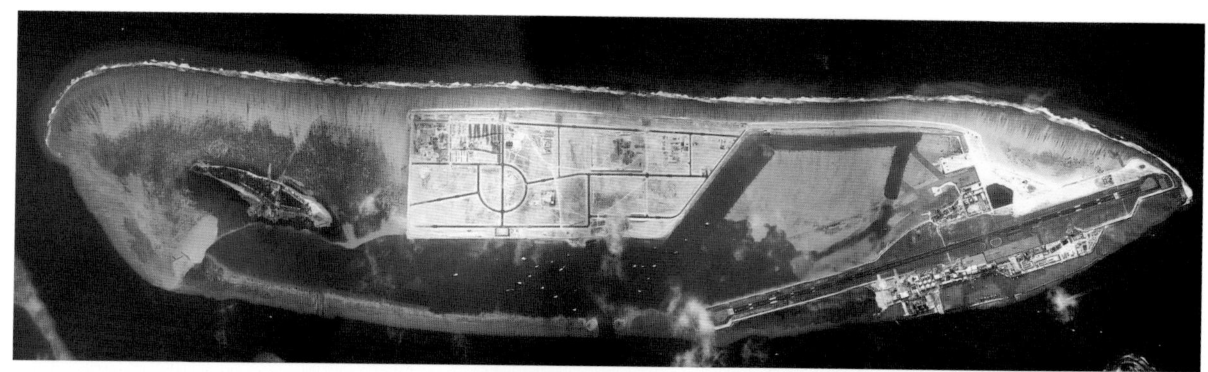

三亚国际机场候机楼 广州山鼎

山鼎国际
Cendes International Singapore, 2006

2006～2013 年间，山鼎设计和广州山鼎一起与几位新加坡的设计师一起合伙建立了山鼎国际，公司总部设在新加坡，同时还开始了上海山鼎（上海胜德）的建设。山鼎国际的建立，目的是能够把业务开展到中国以外的区域，成为真正的国际设计品牌公司。 山鼎国际的主要成员是山鼎设计的袁歆和陈栗、广州山鼎的金涛和新加坡的合作伙伴 Zuo Weeze, Jason Ang, Gou Hupwee 这六人；同时期，还合作建立了上海山鼎，并以城市规划为其主要发展方向。同一时期，山鼎设计和两家美国的建筑设计公司 Point，New York 和 RAD Miami 保持着长期的合作关系，Point 和 RAD 的员工也按项目需求派驻设计师长期在山鼎设计工作。这些国际合作使山鼎设计在设计理念上不断地保持自身国际化的优势和视野。

山鼎国际在运营的几年里完成了马尔代夫的新首都规划、苏州工业园区等几个大型规划和建筑项目，直至 2012 年，各合伙人面临着各自不同的外部环境及发展方向。 主要成员 Jason（洪光麟）撤离上海回到了家乡新加坡，成立了 Cendes+10 建筑设计工作室并在新加坡国立大学教学；Hupwee（吴和辉）依然经营着自己在新加坡的设计公司；金涛和他的广州山鼎还是在努力地实践他们的建筑设计；而山鼎设计的袁歆和陈栗则开始了新的发展方向。

2011 年山鼎设计决定走向资本市场，并于 2015 年通过了中国证监会的审核并成功地成为中国首家上市的民营设计企业。 山鼎设计在上市后，正式更名为山鼎设计股份有限公司，成为一家全国性的设计公司。在这段时期，山鼎设计完成了多个标志性的项目，其中包括西藏自然科学博物馆、唐山香格里拉酒店、北京星光影视基地等大型公建。

西藏·自然科学博物馆

世界海拔“最高”自然科学博物馆
2009-2016

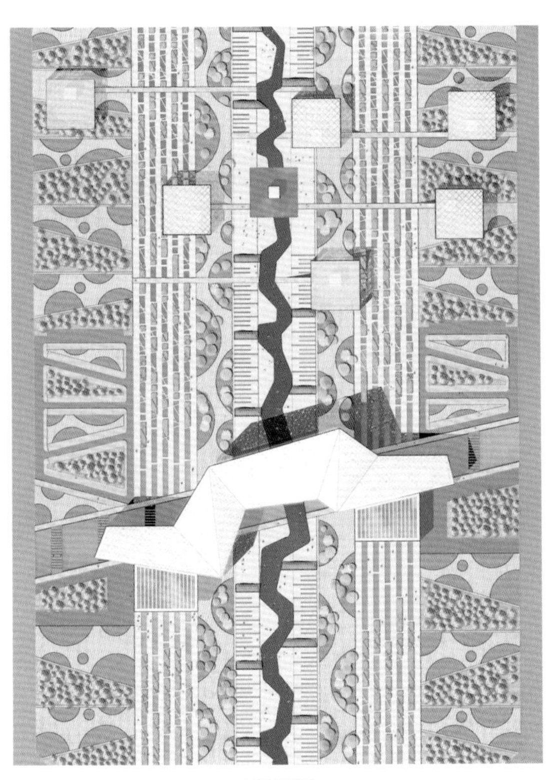
总平面图

2009 年，山鼎设计通过国际设计竞赛获得西藏博物馆的设计权，经过近 8 年的设计和施工，博物馆于 2016 年 1 月正式竣工开馆投入使用。西藏自治区自然博物馆获得了包括中国建筑学会建筑科技二等奖在内的多个国家和省级设计奖项，是英国 BREEM 认证的全球最高海拔的绿色博物馆建筑。

西藏自然科学博物馆，是包括自然馆、科技馆和文化馆“三馆合一”项目，是近十年来“西藏一号”文化建筑。山鼎设计在整个设计过程中充分呈现了全球视野，从投标到设计全过程都是和全球博物馆设计专家——法国 AS 建筑设计事务所合作，完成对整体项目的方案设计创作和施工构造工艺设计。项目设计启动时，我们就确定了和英国 BREEM 的咨询团队合作，以全球最高节能环保标准、实现零排放绿色建筑为设计目标，最终也得已全面落地实现；项目所在的是高等级抗震区域，山鼎设计的结构团队和同济大学设计院合作完成了超高难度的弹塑性研究，实现了钢结构混凝土混合结构体系，为创展无柱大空间提供了坚实的支持，同时也为高空间梁柱一体化幕墙结构体系，实现突破性的结构构造设计。

西藏地区的重要文化建筑，历来都是以藏式建筑为设计主流方向；但设计团队经过认真的研究，认为自然科学和科技馆，应该使用现代建筑风格，结合周边自然环境中太阳能资源极其丰富的优势，通过建筑科技表皮实现能量守恒；而起到遮阳和调节自然光线的表皮，可以成为反映藏地文化的载体，其呈现的方式应该用抽象的图案。经过 2 年的设计，6 年艰辛和复杂的施工配合，使得项目能够以较高的完成度，和布达拉宫、大昭寺并列为目前西藏首府拉萨的“三大必到文化圣地”。

曼荼罗结构

立面纹案结构

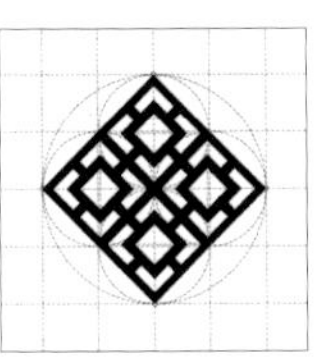

吉祥结结构

设计团队多次入藏到项目现场进行设计和施工配合，从初期的剧烈高原反应，到中期适应，再到后期的入藏喝酒，逐步适应海拔 3450 米的海拔高度，仿佛大家已经把情感融入蓝天白云和广阔的自然环境中了。

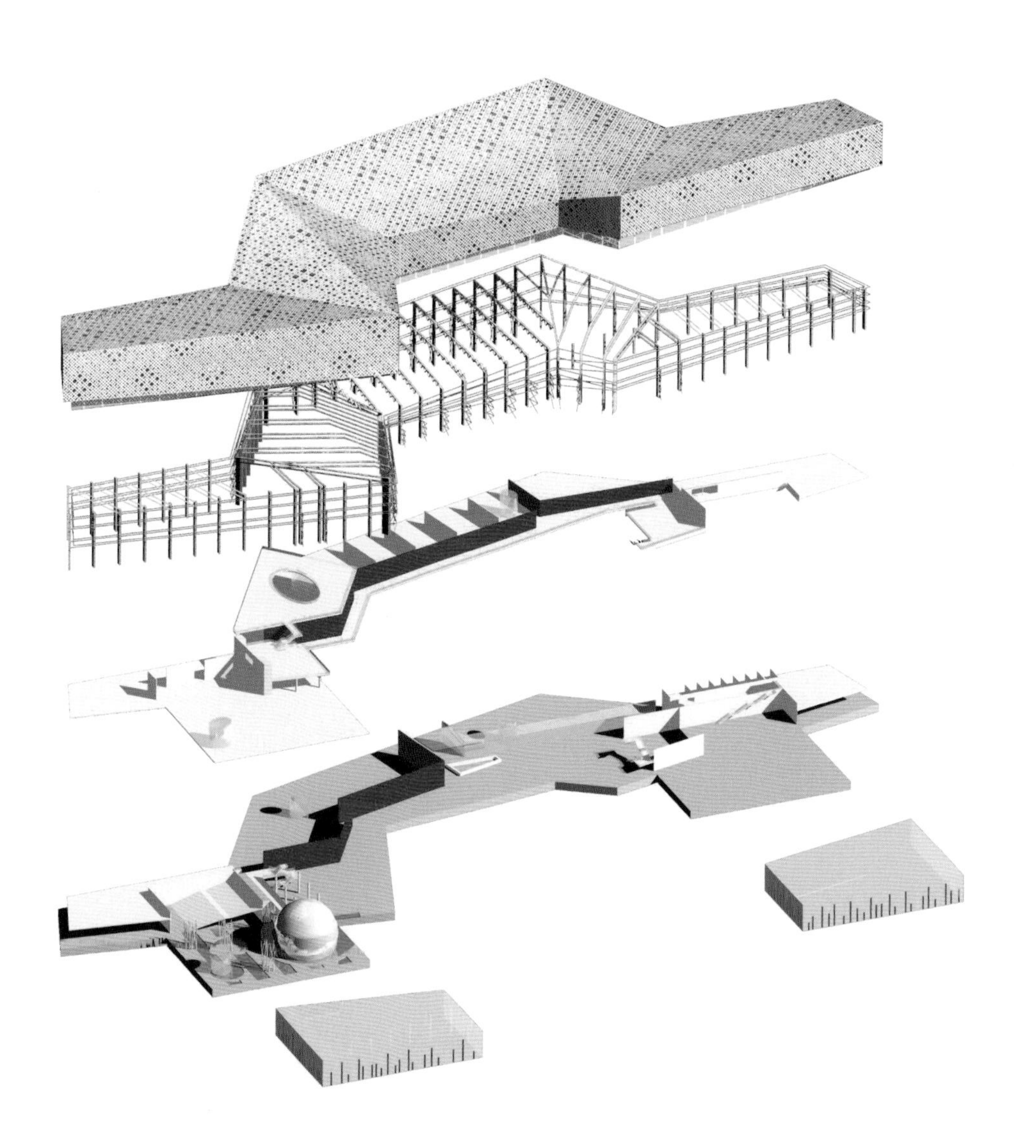

非常可惜的，是整体项目的资金到后期还是显得不足。项目执行时间太久，大量材料和钢结构都是在平原地区采购和制作，导致材料、人工和运输的成本比平原地区又大幅度地上涨；藏区每年仅 8 个月的施工周期，也导致管理费用高企不下。到达项目后期时，设计被迫做出无奈的调整，呈现项目文化魅力的表皮被迫减少三分之一：北侧表皮做了缩减，并且把南侧突出的两个盒子的 U 型扣条玻璃面层，也改为普通的面层抹灰；藏式地毯的广场设计也无奈做了调整，整体效果和原设计相去较远。设计师为此再次研究，提出表皮抹灰工艺须参考当地藏式传统建筑的抹灰工艺，在简单中也显现出设计的力量。我们可以从中再次体会“建筑设计是遗憾的艺术”的观点，但坚持持续提出解决方案以实现项目的初始目标，是建筑师的责任所在。

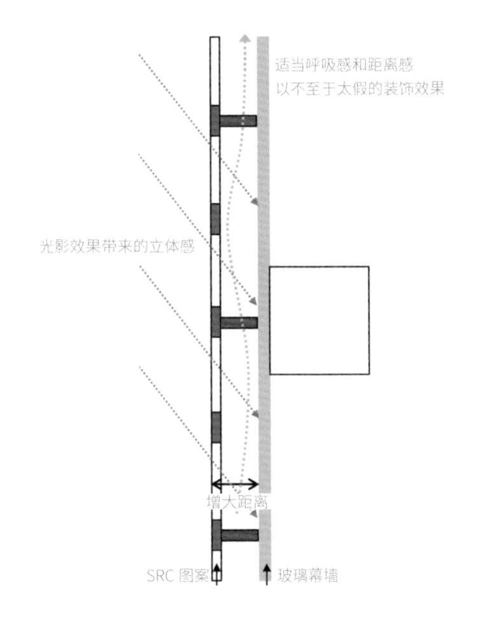

幕墙色彩比较，钢结构颜色均为白色！

1. 从整个幕墙系统构件来看，色彩上应该统一、和谐。

2. 从光影的效果上来看，图案和背景墙面之间应该留有一定的距离，且背景色彩应该为浅色或白色，使其与图案的阴影形成对比，突出光影和图案的进深度。形成的阴影是灰色的，如果背景墙是灰色的，就会和阴影混成一片！

当外表皮和玻璃具有一定的距离感时，能带来这种具有漂浮的感觉，具有良好的立体感；而且产生的光影效果以及两层表皮的呼吸感就比较舒适、舒畅。若外皮和玻璃贴得太近，产生的效果会比较板，没有立体感。

Shangri-La

唐山·香格里拉大酒店

国际品牌酒店的设计和管理，2009

山鼎设计继设计嘉里建设在唐山的雅颂居之后，2009 年获得了参与唐山香格里拉酒店的方案深化及施工图设计的合约。

唐山香格里拉酒店成为山鼎设计完成的首个国际连锁五星级品牌酒店。之后，又设计完成了济南嘉里中心和香格里拉酒店，设计配合至 2016 年成功开业。香格里拉酒店的设计使山鼎设计积累了丰富的设计管理经验，特别是与境外设计机构的设计合作有了充分的了解。期间还参与完成了北京嘉里中心改扩建工程，作为北京 CBD 核心区的重要改造项目使得山鼎设计在复杂类项目的管控上达到了一个新的高度。设计创意和项目管理两个方面的能力成为山鼎设计区别与其他国内设计机构的核心要素，也是迈向国际级设计公司的必要基础。

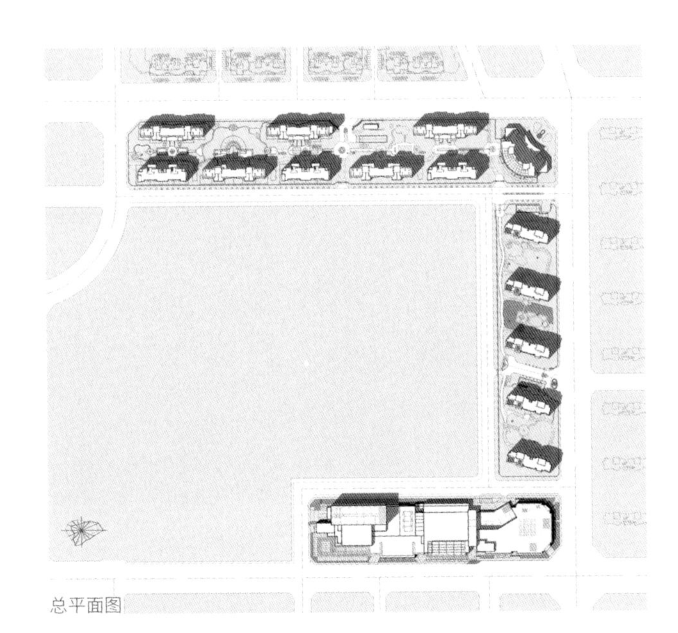

总平面图

Shangri-La

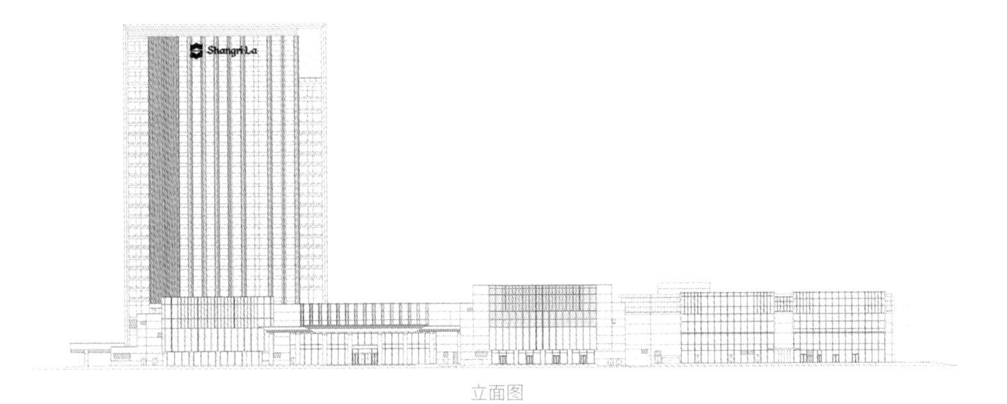

立面图

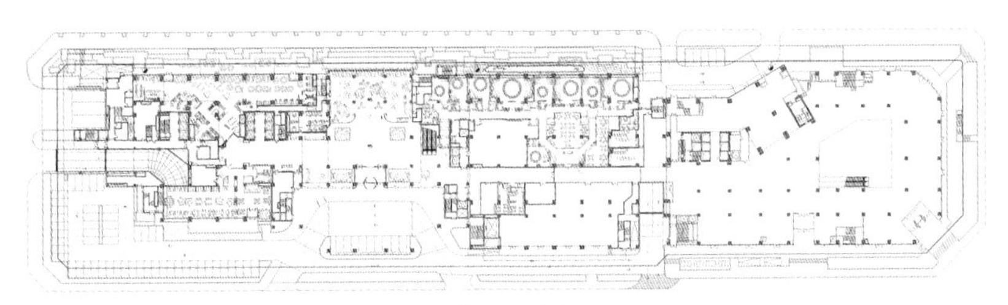

首层平面图

香格里拉大酒店
Shangri-La hotel

成都·交大归谷国际住区

中国节能建筑 3A 认证金奖，2010

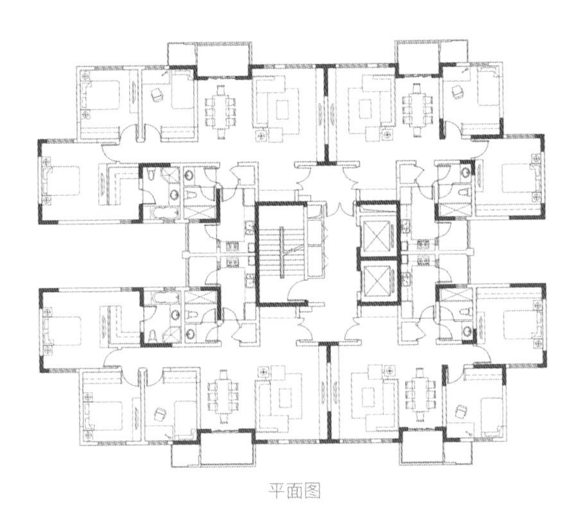

平面图

项目以“绿色低碳”为设计的核心目标，规划上采用行列式布局，强调建筑均好性。良好的南偏东朝向，避免与冬季主导风向正交，既保证了住宅套型内房间在自然条件下的空气流动，也减少了主导风向在冬季对建筑造成的热量损失和夏季西晒对主要房间的影响。项目采用多种绿色节能措施，包括外墙的保温、中央新风、地送风供暖、三层中空窗系统等。建筑成本的大量投入，为住户提供了极高的居住品质，在成都经历了多次雾霾污染天气后，项目的优势极大地呈现出来。据说有大量医生、高净值人士都选择居住在此。项目获得了住房和城乡建设部认定的中国节能建筑 3A 认证金奖，是西南地区住宅项目首个获得此殊荣的项目。山鼎设计在此践行中积累了宝贵的经验。

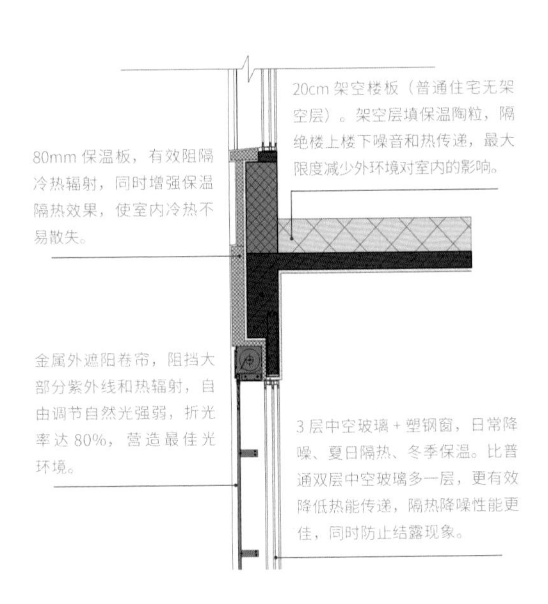

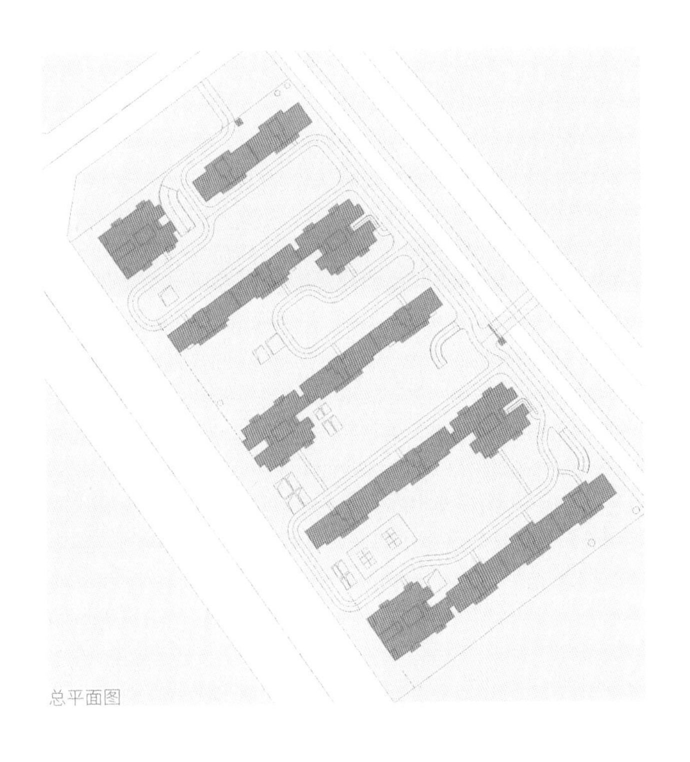

总平面图

安哥拉·玫瑰花园 I 期

“一带一路”走进非洲，2010

本项目位于非洲安哥拉首都罗安达的 CAMAMA 新城区南部地区，占地共约 78 公顷，用地现状地势平坦，周边有规划完善的市政道路以及水电设施系统。

玫瑰花园项目的设计尊重安哥拉城市发展现状及当地人民传统生活模式，以“新都市主义”为规划理念、多功能规划方案作为实现手段。其中包括适合各年龄和收入层次的多户型住宅、邻里商业以及购物中心，社区设施有学校、幼儿园、医疗护理设施、文化娱乐活动设施和公共开放空间，最终形成一个具有活力以及良好居住氛围的样板社区。

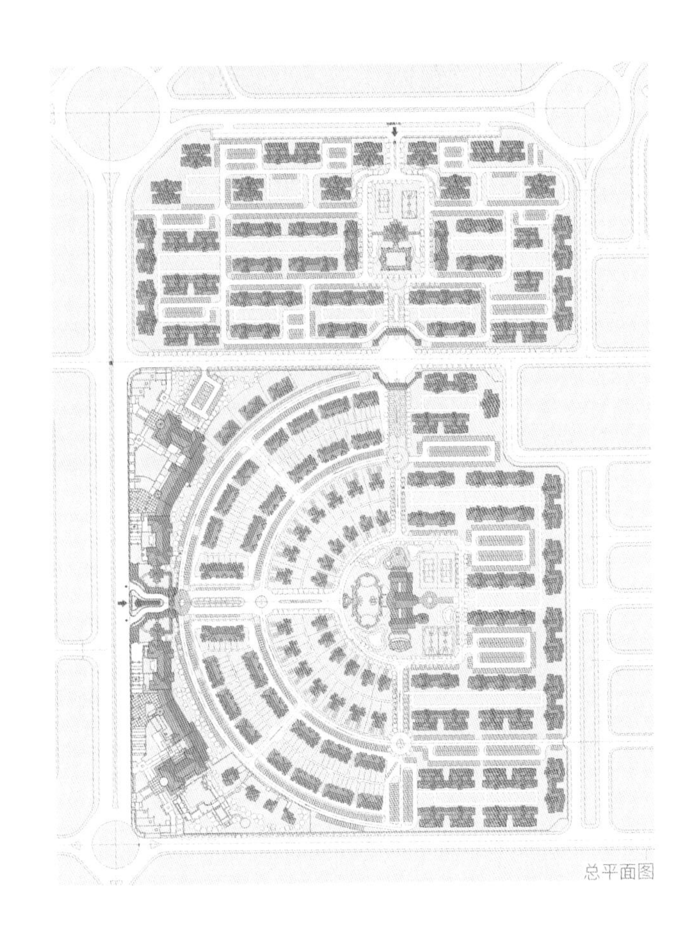

总平面图

PRADO

墨香路
停

成都·新华文轩总部

灯塔，2010

新华文轩总部大楼的落成无疑是令人激动的；当时回顾设计和建设过程，还是有不少遗憾的地方。设计过程中，设计团队对建筑形态的塑造，除了独特的体型特征，更需要对建筑外墙构造和材料的把控到位，才能使建筑把设计思想和业主的诉求相对完整地呈现出来。因为多层次的原因，山鼎设计完成初步设计后，项目由其他设计公司完成施工图设计，由于没有进行有效的沟通，施工图设计院对原设计理念的调整并不理解，最后在外立面施工无法继续的状态下，山鼎设计重新加入项目配合，才使项目得以最大限度地还原设计初衷。

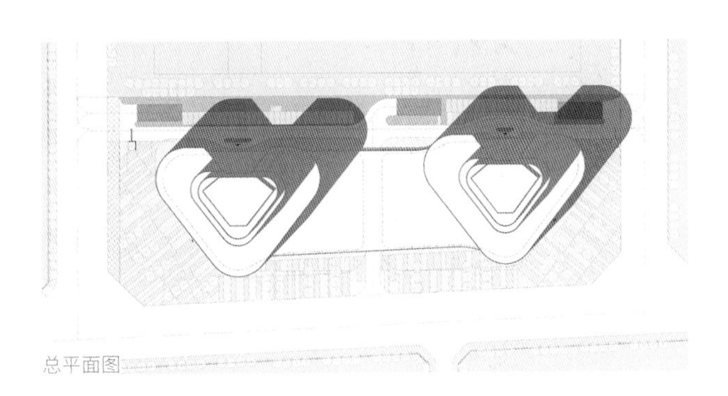

总平面图

工作模型

项目建成后人们评价为“春笋”、“奶瓶”、“书山”，其实设计作品得以呈现并引起关注同时有各种理解，是一件非常有趣的事情。我们的设计概念，来源于对企业文化“文化高地，行业灯塔”的理解。整个建筑以弧线收分勾勒出优美的轮廓，墙身的折板连续窗设计，模拟出书本放置在书架上的形态，与业主的企业特性完美融合。

说到建设过程中最大的遗憾点，是由于各种原因，建筑高度被降低了大约 1/4，而平面轮廓又维持原状，从而影响了原本优雅的建筑比例。好在后来我们大量的现场设计指导和管理，建筑细节和材质选择上精心把控，才使得项目小有遗憾地、但非常精彩地呈现出来。

外墙工作模型

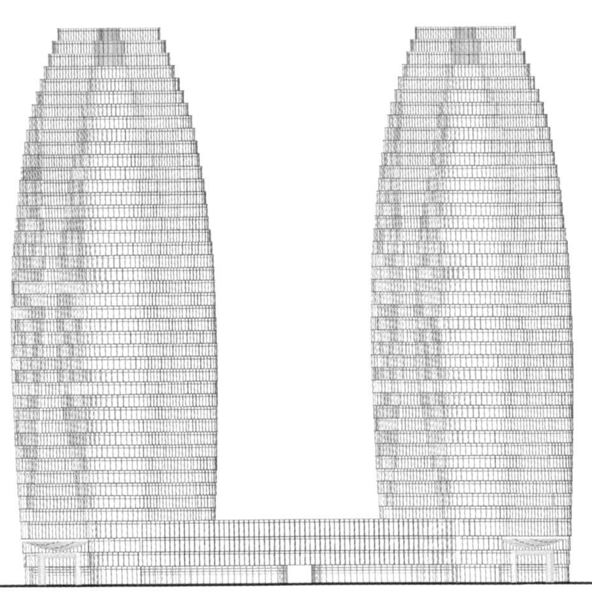

立面图

JOYCE

KERRY CENTRE

北京·嘉里中心改扩建

城市更新，2011-2014

基于与嘉里建设及香格里拉酒店管理公司的多年合作与互信，通过几个项目的顺利执行，检验了山鼎设计服务复杂业态的技术能力与管理能力。2011 年北京嘉里中心启动改扩建更新工程，山鼎设计获得了业主的直接委托，针对不同分项分别担任建筑总协调、LDI、结构顾问、室内顾问等角色。

北京嘉里中心是北京 CBD 的核心标志项目，是集酒店、商业、写字楼、公寓于一体的复杂综合体项目。项目于 1999 年开业，历经十几年的运营洗礼，项目逐渐成为了该区域的地标建筑；但在外部形象、内部空间、动线布局、后勤配套等方面也亟待更新。

项目启动后，山鼎设计在业主嘉里北方公司及酒店管理公司、商业管理公司的预期指令下，紧密协作幕墙顾问、精装顾问、施工总包等伙伴。历经三年服务，使得项目重新焕发了更具活力的生机，并在经营角度明显提升了酒店入住率及办公的出租收益，进一步加强了项目整体在区域内的标志性地位。

ESARE DI PINO
TASSELS

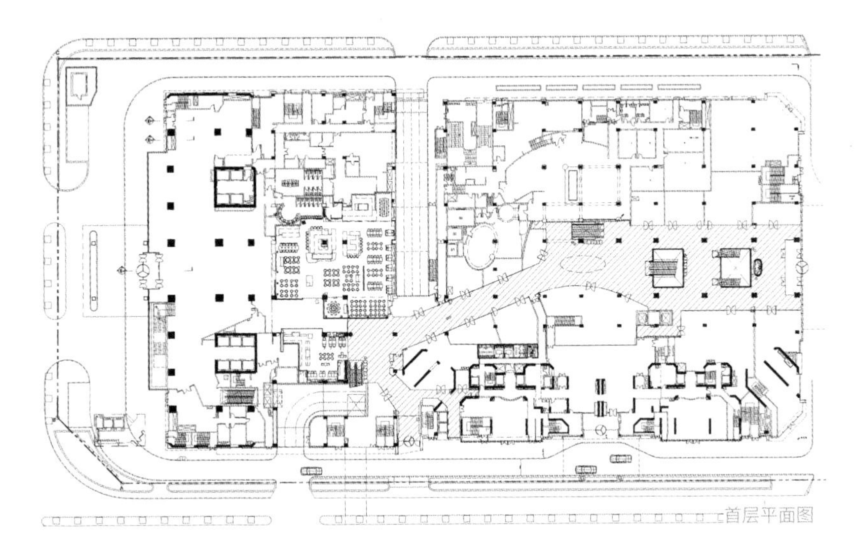

首层平面图

成都·高盛金融中心
超高强度开发，2011

本项目位于成都高新区金融总部商务区 14 号地块，包含两栋 197 米高的甲级写字楼和公寓式办公楼、两栋 115~128 米高的住宅，以及四层商业裙楼所组成的大型商业综合体。规划总用地面积 22,555 平方米，总建筑面积 352,795 平方米。

建筑设计采用适宜的体量，尽可能地减小建筑容积率高、体量过大与基地面积过小之间的矛盾。竖向装饰风格及顶层错落与退层的手法，充分发挥装饰与现代共融的设计风格，塑造建筑意义上的端庄与挺拔，以表达不断超越的人文精神和力量。

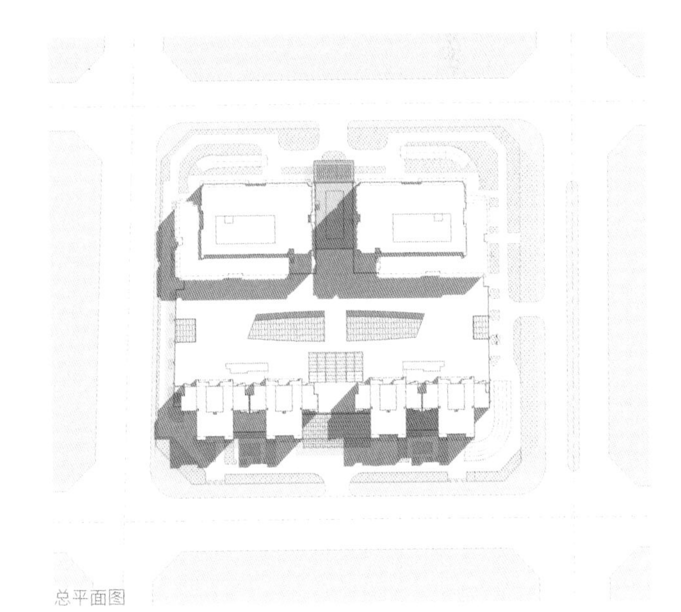
总平面图

BURBERRY

贵阳·中渝第一城

超级大盘，2011

总平面图

2011 年，山鼎设计跟着老业主远大地产进入了贵阳这片热土。时任远大成都地产的负责人阮雷先生和山鼎设计有着十多年的合作。阮先生是一位非传统风格且有创新精神的开发商，在成都成功地操作了远大地产的多个项目。在进入贵阳后，又被中渝老板张先生请去担任中渝贵阳的总经理，负责开发贵阳中渝地产。 贵阳作为二三线城市，在 2010 年前的地产界并不起眼，但随着超大盘在贵阳的出现，吸引了全国地产界的视线。 其中，特别有名的是当地开发商的一个号称可以容纳百万人居住的花果园社区。类似花果园的超级大盘项目在贵阳还有不少，有些项目为了规模和开发效率，发现规划和配套的问题时已经晚了，对城市发展造成的不良影响，在短时期内是无法弥补的。

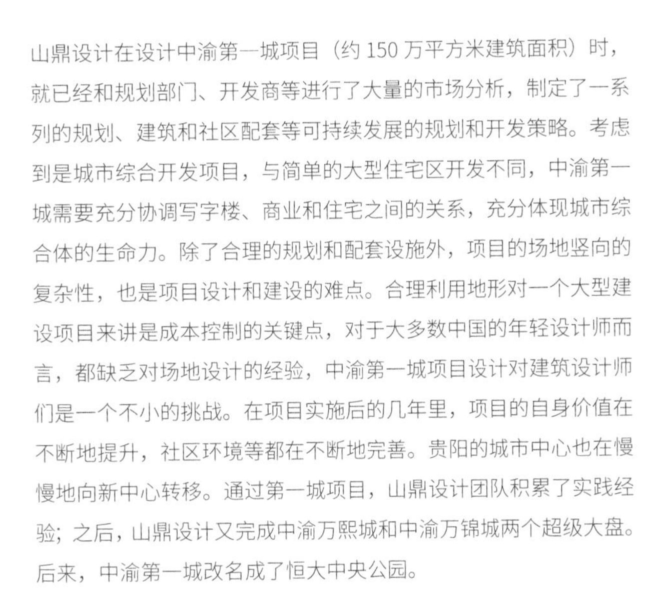

山鼎设计在设计中渝第一城项目（约 150 万平方米建筑面积）时，就已经和规划部门、开发商等进行了大量的市场分析，制定了一系列的规划、建筑和社区配套等可持续发展的规划和开发策略。考虑到是城市综合开发项目，与简单的大型住宅区开发不同，中渝第一城需要充分协调写字楼、商业和住宅之间的关系，充分体现城市综合体的生命力。除了合理的规划和配套设施外，项目的场地竖向的复杂性，也是项目设计和建设的难点。合理利用地形对一个大型建设项目来讲是成本控制的关键点，对于大多数中国的年轻设计师而言，都缺乏对场地设计的经验，中渝第一城项目设计对建筑设计师们是一个不小的挑战。在项目实施后的几年里，项目的自身价值在不断地提升，社区环境等都在不断地完善。贵阳的城市中心也在慢慢地向新中心转移。通过第一城项目，山鼎设计团队积累了实践经验；之后，山鼎设计又完成中渝万熙城和中渝万锦城两个超级大盘。后来，中渝第一城改名成了恒大中央公园。

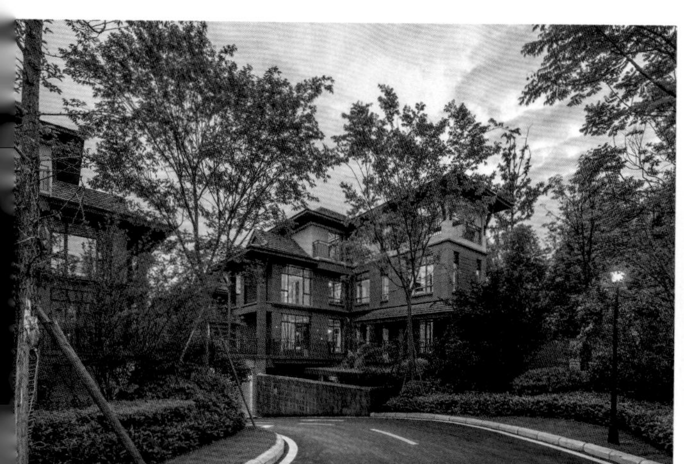

成都·御青城

小户型别墅，2012

本项目采用了新派东南亚风格，设计上融合西方现代概念和亚洲传统文化，通过不同的材料和色调搭配，在保留了自身的特色之余，产生更加丰富的变化——表达出热烈中微带含蓄、妩媚中蕴藏神秘、温柔与激情兼备的和谐境界。设计师采用此种新颖的建筑风格，区别于市场上泛欧式设计的大众产品，更能突显其项目优越感，如同自然中生长而出。生态、热带风情、休闲养生、人文气质和随意散漫的生活态度，贯穿于社区的每一个角落，以典雅高贵的建筑品格表达理想的居住境界。

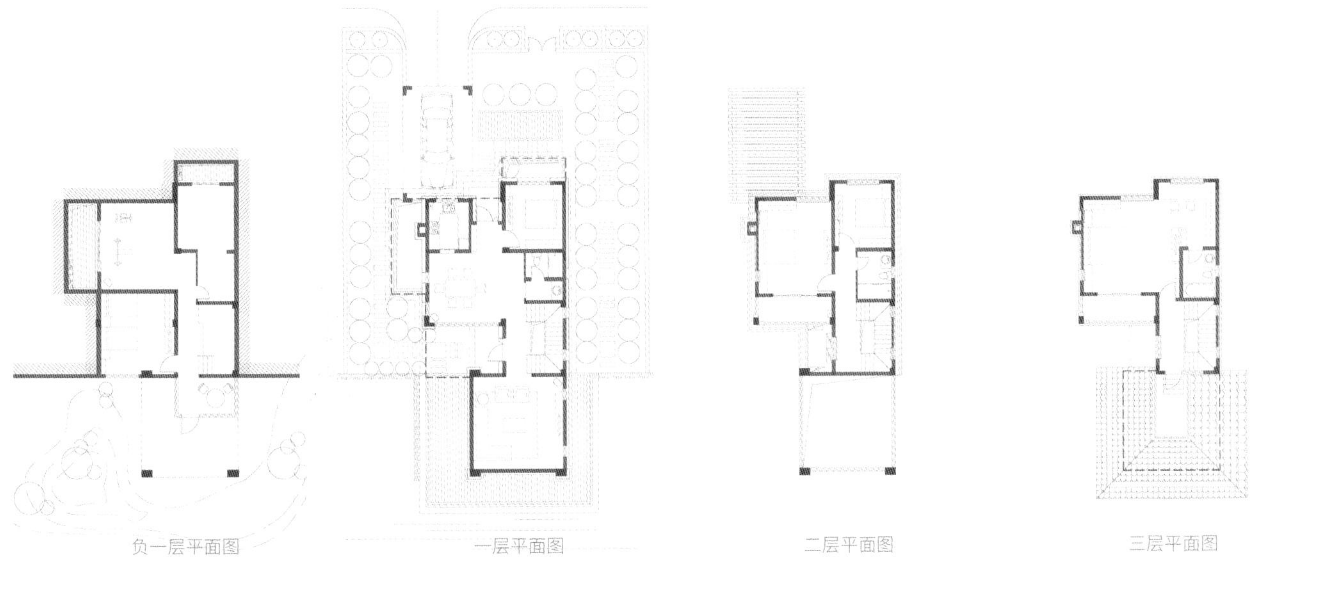

负一层平面图　一层平面图　二层平面图　三层平面图

Shangri-La

济南·香格里拉大酒店

大明湖边上的五星酒店，2012

本项目地处山东济南中心城区泉城广场正南侧，为集国际五星级大酒店、商业设施和国际甲级办公楼为一身的综合性项目。北侧酒店塔楼面向泉城广场，使得客房居住者在尽享泉城广场的同时，亦可远眺大明湖。南侧位置较幽静，在布局上设置为办公区域，主立面亦面向泉城广场。建筑外型设计整体简洁大方，强调精致的细部设计，以求体现时空可续的审美形象。

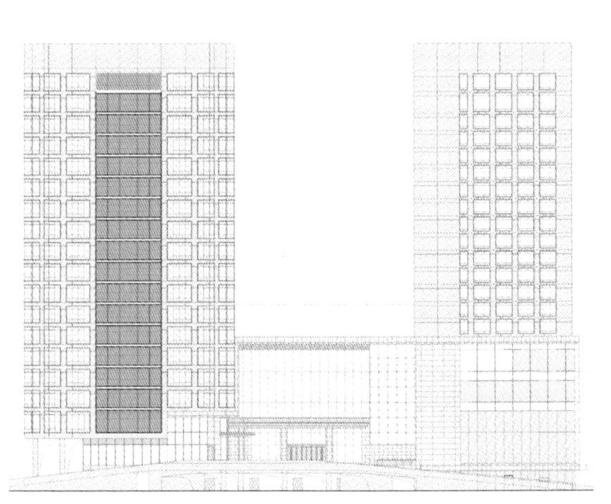

立面图

KAVON

北京·星光影视基地

国家级电视节目制作基地，2013

星光影视园是目前国内唯一的国家级电视节目制作基地，项目位于北京市大兴区西红门镇，设计工作服务期为 2012-2015 年。中央及地方主要电视台都陆续进入园区制作节目，服务全国近 100 家影视制作、灯光舞美、影视设备等公司，大型节目录制量超过 2000 场 / 年，每年为全国 90 多个剧组提供广播级的演播服务。

本项目地上建设面积 13.3 万平方米，地下建设面积 6.8 万平方米，由一栋单层最高点达 33 米的演播厅和两栋 50 米高 12 层的办公主楼及两栋 2 层高的商业组成。演播厅配备了各类影视节目录制的功能空间、机电条件、灯光、声学设施，主要服务于各大卫视、影视公司的节目、栏目录播需求。两栋办公楼将打造成为影视制作产业基地，为影视工作室、舞美、声学、灯光、剪辑等前后期的配套服务提供办公空间。

景观设计强调空间景观的视觉感受，注重主题性、可用性和文化性，实现以星光影视为主导的景观节点。

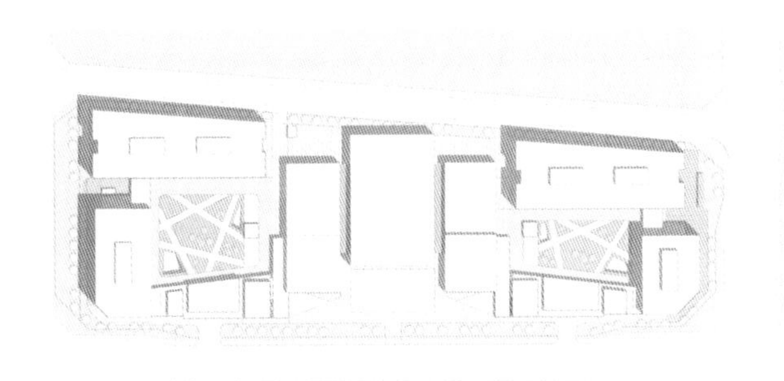

总平面图

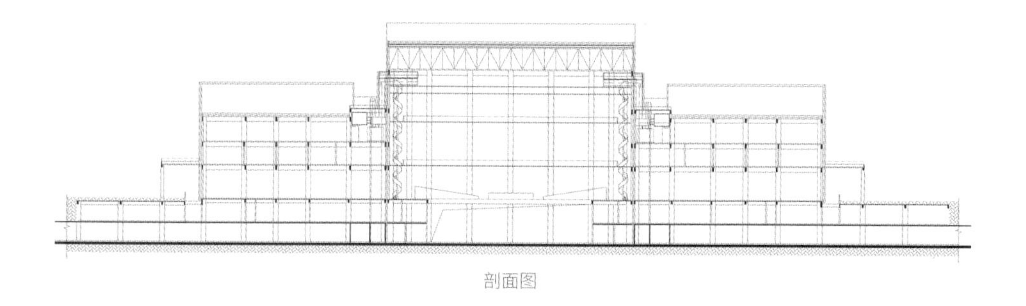

剖面图

演播厅主体设计形象来自一台抽象的摄影机，并采用开放演播厅的概念，加强整体的统一感与影视文化主题。演播场馆外立面构思来源于虚幻的宇宙，并用颜色拼接渐变的手法，打造出独特的外表皮系统。办公建筑采用同样的星光主题，并抽象为演播厅的大型幕布背景。商业建筑紧密贴合场馆建筑设计风格，并连接场馆与办公区域，加强地块的整体性。

演播厅由 1 个主演播厅 +2 个副演播厅组成，以及候播大厅等辅助配套用房组成。中间的主演播厅面积 3300 平方米，层高 30 米，为目前亚洲最大演播厅，可同时容纳 3900 观众观演；音视频配备了全数字化视音频系统、摄像机、切换台、数字录像机、硬盘录像机、调音台、话筒和音箱等；两侧的副演播厅面积均为 1300 平方米，层高 21.5 米。候播大厅面积近 3000 平方米，中央空调，配套商务中心及 14 间剧组化妆间。

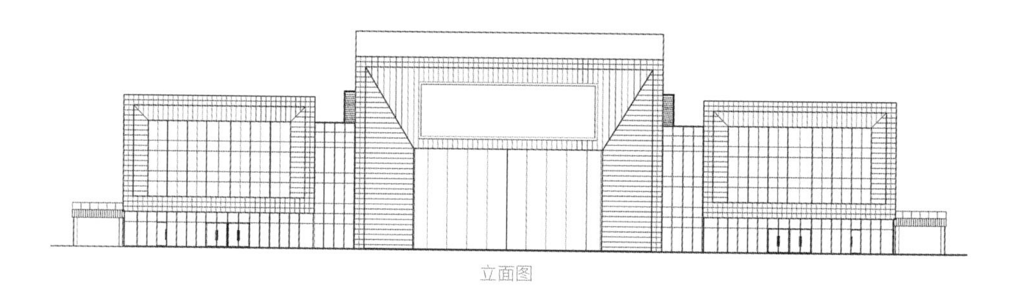

立面图

星光影视园
STAR PARK

成都·万通红墙国际

红墙巷里的一抹红色，2013

项目位于骡马市核心位置东城根街与八宝街交界处，毗邻天府广场，城市生活元素完备。项目由 3 幢 120 米高的超高层建筑组成，以类似中国文字——“山”的形式进行布局，高品质住宅、商务空间、城市商业等产品形态各得其所。通过临东城根下街的现状道路分别在北、南面设置了住宅，以争取最好的朝向与景观；东面设置的办公区，面对主要公共道路与立面，减少了二者之间的相互干扰，能更好地布置各自的配套设施。商业则以底层商业为主，沿地块的东、北、南三面布置，最大可能地挖掘了地块的商业价值，并很好地与城市广场及绿地相结合，为打造一流的购物环境提供了良好的外部条件。建筑的立面设计，引入了独特的红色元素，和项目所处的红墙巷相得益彰，以呼应项目案名——红墙国际。

成都·润驰国际广场

中国式商业综合体，2014

在山鼎设计参与的大型商业综合体项目中，成都的润驰国际广场有着特别的意义——尤其是满足了开发商杨先生对项目竣工时间的苛刻要求。成都润驰商业广场在项目的前期，设计和施工就已经开始同步进行，在短短 14 个月内完成了从方案、施工图到竣工，乃至华润超市开业等的奇迹，充分地体现了中国的开发和项目实施的能力。当年，全国都以万达商业城能够在 18 个月内完成设计到竣工的“万达速度”为极限，而润驰广场项目完全超越了“万达速度”。业主和设计团队在竣工后，充满了荣誉感和成就感。

当然，这样的工程速度要归功于“边设计边施工”的特殊机制。山鼎设计在服务于国内开发商的同时，还在服务类似嘉里建设、SM 商业广场等国际知名商业开发企业。两种不同的开发理念经常会在设计管理上产生矛盾和模糊点。但通过了多年的磨合和实践，山鼎设计的团队已经有很强的能力来服务不同类型的开发商了，克服了国际设计公司来到中国后的“水土不服”和国内设计企业不能理解国际开发商对设计要求的矛盾。

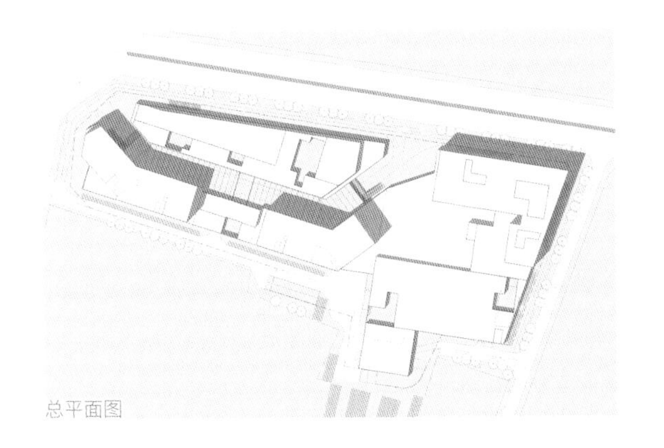
总平面图

商业综合体项目逐渐成为山鼎设计的核心竞争力之一。在 2009 年之后，商业综合体一度占据公司一半以上的业务，先后完成了多个大型商业综合体项目——如润驰国际、济南世茂广场、济南嘉里中心、新都万千城、西安太奥广场、淄博 SM 城市广场、合肥滨湖东方汇、长春环球贸易中心、西安大明宫商业广场——还有大量的商业街区、社区商业等。在一些国际设计公司退出中国商业设计市场的同时，山鼎设计在商业设计领域凭借积累的设计经验和影响力，逐渐成为国内具有领先地位的商业地产设计公司。

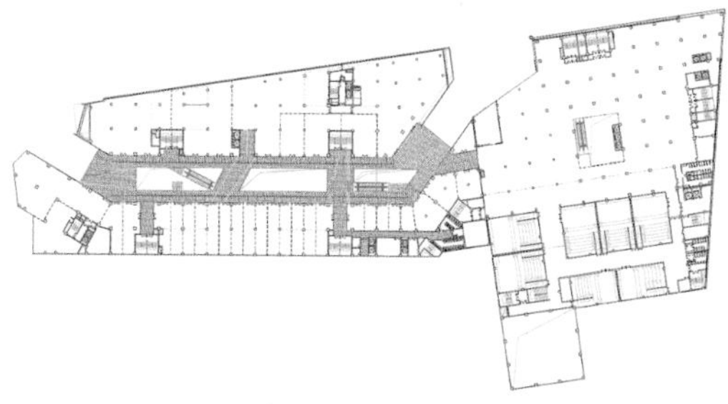

四层平面图

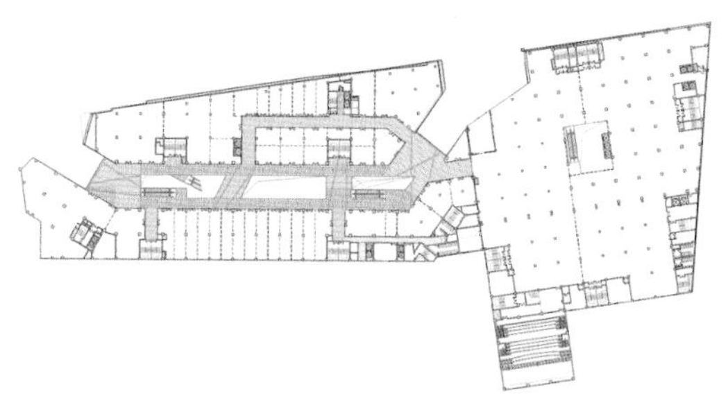

三层平面图

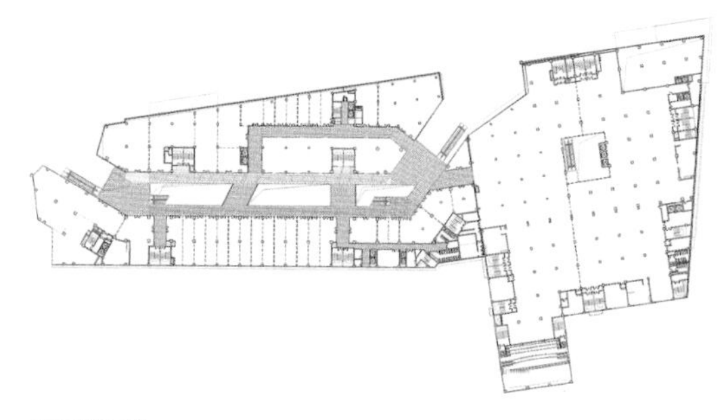

二层平面图

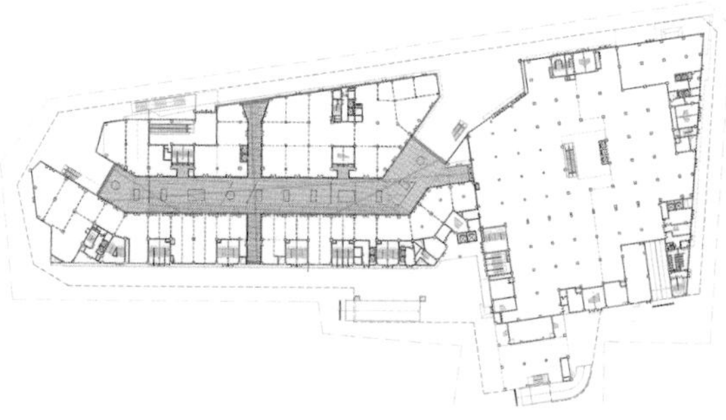

一层平面图

华润万家
vanguard
会员尊享
优惠更多
积分活动
会员价商品
会员专属活动

首届女鞋节
BOREL
1856
Romantic Moment

vanguard

2009-2014

其他作品

2010 贵阳·金阳美术馆
新津·城市名人酒店
西安·太奥广场
成都·华润 24 城
成都·银泰泰悦湾

2011 济南·世茂国际广场
西安·雁鸣墅语
西安·大明宫

2012 新津·水城
西安·湾流
北京·旧宫电商谷

2013 沈阳·龙湖长白岛
新都·万千城

2014 合肥·滨湖东方汇
成都·远大中央公园

贵阳·金阳美术馆

地点：中国，贵阳

规模：7,800 ㎡

业主：中国远大集团

时间：2010

本项目位于贵阳市长岭南路以西，小湾河东侧。布局上，充分利用并尊重地形条件，结合起伏的场地现状，处理建筑与城市道路、景观人流之间的和谐平衡，给艺术馆所要求的静谧安逸的环境品质创造了条件，并结合艺术本身特质，在设计中采用了较大胆的构成主义思想，力求营造新颖、活泼的现代艺术馆。灵感源于自然状态中一堆碎石的联想，并将之打造成为长岭南路一侧新时代的地标性建筑。

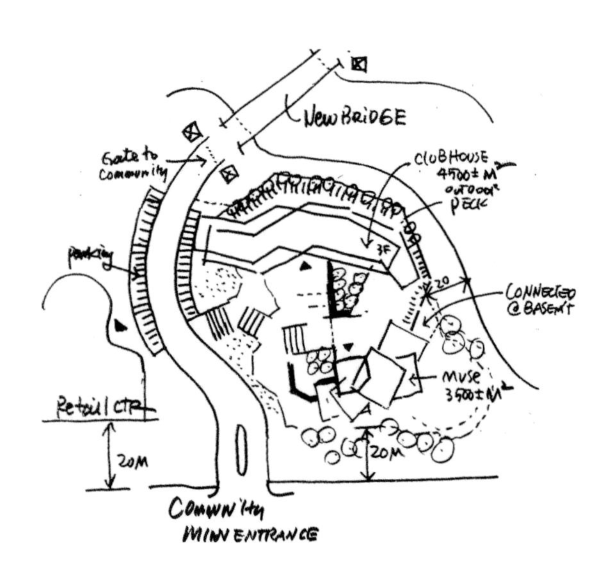

新津·城市名人酒店

地点：中国，成都
规模：58,000 ㎡
业主：成都荣望酒店有限公司
时间：2010

项目位于成都新津开发新区，是按国际五星标准设计的会议型酒店，集商务会议、精品餐饮、高档娱乐和豪华客房等多种功能于一体。酒店提供面积不小于 50 平方米的高标准客房 120 余间，弥补了目前该区域缺乏高星级酒店的市场空缺。建筑布局和形态塑造借鉴四川当地建筑的精髓，充分体现新津的文脉特征和风土人情，为当地竖立高标准豪华酒店的标杆。

西安·太奥广场

地点：中国，西安
规模：800,000 ㎡
业主：西安福源房产
时间：2010

项目为集商业、办公、酒店于一体的城市综合体，运用商业内街连接商业广场的形式，创造出丰富的商业界面，同时通过主题空间的塑造激活各种商业业态，成为区域内活跃的商业中心。建筑风格上提取传统建筑的语言符号和比例，注重通过细部刻画营造空间氛围，通过建筑与环境的统一打造，渲染出浓郁的商业文化。

成都·华润 24 城

地点：中国，成都
规模：175,000 m²
业主：成都华润置地
时间：2010

本项目地处城东二环核心区域，离市中心仅 4 公里，西临二环路主干道，南面蜀都大道延线双桂路，紧靠建设中的地铁 4 号线，交通便捷。规划上建筑以点板结合的形态出现，构筑大尺度的主题公园空间，视线通透。项目产品形态丰富，涵盖了高端住宅、精品商业、公寓、办公等。新古典主义的建筑风格，稳重、优雅的建筑形态，提升了该区域的城市形象。

成都·银泰泰悦湾

地点：中国，成都
规模：168,000 m²
业主：成都银城置业有限公司
时间：2010

项目位于成都市红星路南延线西侧，基地东侧为红星路南延线的下穿隧道，南侧为孵化园北路，东南临锦江，西北侧邻近新益州城市公园。住宅底层架空灰空间作为社区公共空间，提供居民交流活动，并设计了一条人行风雨长廊连接各栋出入口门厅。风雨长廊向中心庭院开敞，近景视线良好。高层住宅布局面向锦江和城市公园，拥有良好的视野效果。住宅与配套商业建筑立面设计简洁大气，外立面采用干挂石材，近看构造细节则令人赞叹。石材饰面配以铜条装饰，低调沉稳却又突显了建筑特有的奢华品位。

济南·世茂国际广场

地点：中国，济南
规模：20,800 ㎡
业主：济南世茂置业有限公司
时间：2011

项目位于济南市中心，与山鼎设计的香格里拉大酒店隔街相望，是集商业、办公、公寓于一体的商业综合体。 其建筑设计方案设计方是香港凯达（AEDAS），而商业设计和室内设计是山鼎设计和美国 Point 设计公司的设计联合体完成的。

商业空间是由人、物、空间三者之间的相互关系构成的。在济南世茂国际广场项目中，我们认为人与空间的关系，是空间提供了人的活动（其中包括物质的获得、精神的感受与信息的交流），而人的参与质量将定义空间的品质。所以在设计的过程中不仅要考虑到形式上的美感及便捷的动线，更重要的是满足消费者所需要的心理需求，商业空间的设计重点是引导消费者在愉快的情绪下促进消费。

西安·雁鸣墅语

地点：中国，西安
规模：200,000 m²
业主：西安灞桥区管委会
时间：2011

项目位于西安浐灞生态区，东临雁鸣湖，占地约 30 公顷。整个地块地势西高东低，交通便利，景观资源丰富。场地东侧紧临雁鸣湖布置高档独立别墅组团及楼王。别墅组团成岛式布局，最大程度争取了每栋建筑的景观面；别墅楼王更独享私人“岛屿”。西侧为坡地，布置联排别墅及叠拼别墅，形成了错落有致的山地建筑群。宽景高层豪华官邸及社区中央景观会所处于中央景观区域。

西安·大明宫

地点：中国，西安
规模：243,000 m²
业主：西安秦沣投资发展股份有限公司
时间：2011

本项目位于西安西咸新区沣东新城组团，为打造国际化大都市的核心地段。建筑以简约现代风格为主，在立面造型设计上注重细节的表达，强调建筑形式、风格、比例的统一塑造。注重发挥材质对于建筑的烘托作用，选择适当材质表达不同的建筑语言，兼顾经济与美观，利用现代建筑工艺及材料对空间与环境进行解读。以完整的沿街面、大型的广场等大气姿态，来诠释建筑与城市界面的关系。

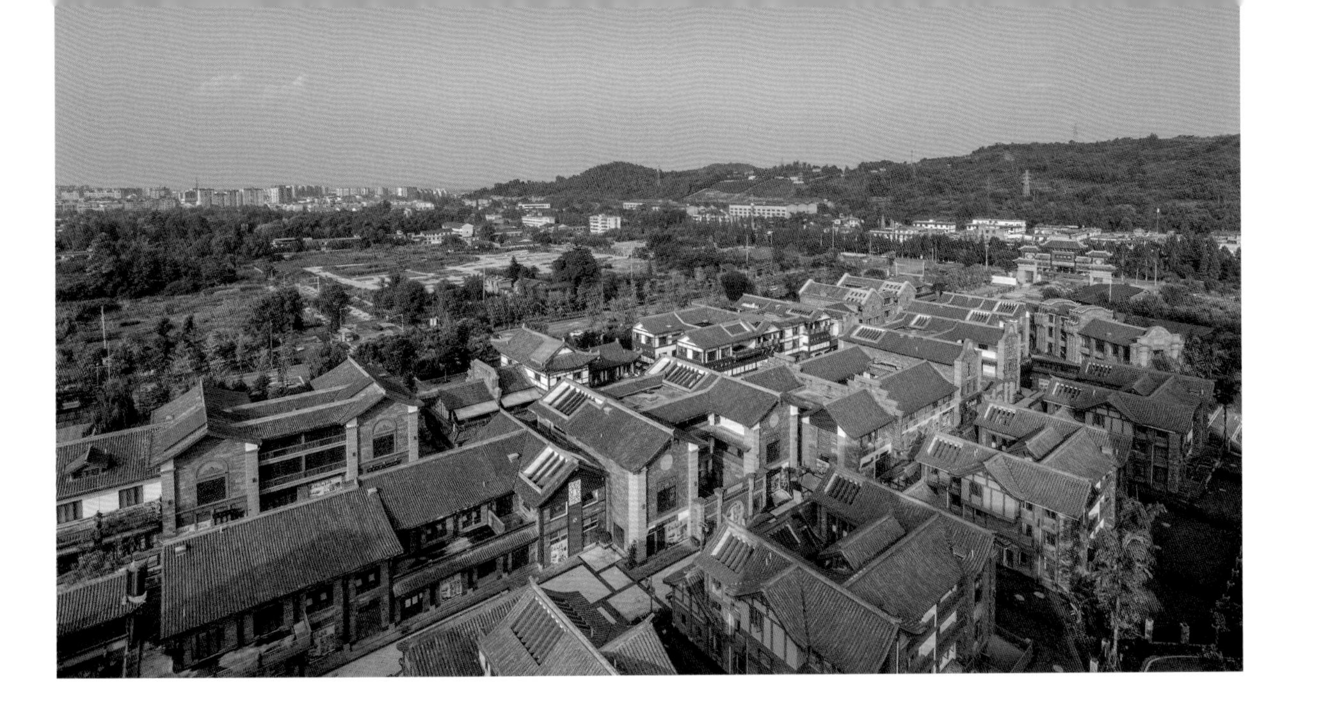

新津·水城

地点：中国，成都
规模：103,000 ㎡
业主：成都华信大足房地产开发有限公司
时间：2012

项目位于新津县大件路西南角新南桥桥头，与主城区隔河相望，同时属于政府规划的三大水城之——“时尚水城”范围之内。本项目为多层商业区，三个地块均由主街、次街两条步行街组成，且中间用通道连接，实现了人气、商气的互通。另外在每个地块入口两端设置文化广场，起到聚集人气并开展文化、商业活动之用。

西安·湾流

地点：中国，西安
规模：147,000 ㎡
业主：泛华集团（西安）
时间：2012

项目位于西安浐灞世博大道与欧亚大道交汇处，已成为浐灞生态区令人瞩目的标杆性建筑。联排式住宅有浓郁的西方古典风格，设计通过巧妙的合院式组合，使得每户都有充足的阳光及私家庭院。外墙采用干挂石材饰面，斜屋面为蓝灰色波形瓦；点缀小区的尖塔，其浪漫气息彰显了楼盘与目标客户的品质；多层住宅起伏退台，高层住宅挺拔俊朗，风格统一之下又有形态的差异，完美的组合丰富了项目的天际线。

北京·旧宫电商谷

地点：中国，北京
规模：766,500 ㎡
业主：北京中科电商谷投资有限公司
时间：2012

项目地处北京市区南郊大兴北部，西与丰台接壤，北与朝阳毗邻。项目力图打造与丰台科技园区、亦庄研发总部基地相辅相成的电商新模式，为电子商户提供全方位的服务；同时也让消费者体会舒适的购物空间、新颖的购物感受；以及一站式的服务，建立集购物、娱乐、餐饮、服务、教育、办公为一体的大型商业区。在设计的过程中，对项目商业模式的特殊性进行了充分探索，在满足精品店模式、体验店模式、超市模式等“三大功能”要求的同时，也妥善解决了业主对分区、分仓、客货分流、流线无交叉等针对电商特殊性的要求。

沈阳·龙湖长白岛

地点：中国，沈阳
规模：410,000 ㎡
业主：沈阳恒逸房地产开发有限公司
时间：2013

项目位于沈阳的长白岛新区，地理位置优越，占地面积 11 万平方米，总建筑面积 41 万平方米，以高层与洋房为主。设计时根据小区的地形条件，注重公共绿化景观对小区内部的渗透，充分利用地块周围的公共绿化景观体，尤其是地块北侧的沿河绿化及水体，使其有效地、最大化地为小区服务。

新都·万千城

地点：中国，成都
规模：88,000 ㎡
业主：四川万佳实业开发有限责任公司
时间：2013

项目位于成都市新都区，为天府香城预留规划用地，北临新都大道，西面为蜀龙路，占地约 1.25 公顷。设计构思以特殊的场地文化内涵为起点，配合橄榄郡情景商业步行街，形成区域城市商业复合体，以开放和积极的姿态寻求与城市的对话。灵动而丰富的城市开放空间，形成具有强烈地标性的空间造型，打造赋予魅力的时尚之地。项目用地内，充分利用天府香城一期景观环境，打造亲切的、具有人文气息的院落空间，旨在回应大院生活的精神诉求。

合肥·滨湖东方汇

地点：中国，合肥
规模：162,320 ㎡
业主：安徽德恒投资有限公司
时间：2014

项目位于合肥市滨湖区西藏路以东、杭州路以南，坐落于合肥滨湖新区国际金融后台服务中心。规划设计目标为打造多功能复合、充满朝气和活力的都市商业综合体。从土地利用和土地使用方面综合考虑，在商业的主导功能外，引入酒店、办公、步行中心广场、餐饮、娱乐等多种城市服务设施，补充并丰富该地区的功能类型。注重整体性，从商业本质、地理环境各方面着手，特别是对用地价值的挖掘与利用，使滨湖“东方汇”项目成为合肥市代表现代品质、时尚年轻、高效科学的都市商业综合体的商业标杆。

成都·远大中央公园

地点：中国，成都
规模：1,105,245 ㎡
业主：成都远大蜀阳房地产开发有限责任公司
时间：2014

本项目位于天府大道南延线的生态配套居住区之内，拥有得天独厚的生态景观优势，地块一侧邻江安河，与南湖隔河相望，拥有天然水景资源，临近南湖风景度假区，空气质量优良。

设计从城市环境角度出发，结合该区域拥有的良好地理条件，利用“庭院”、“景观轴线”为规划元素组织空间，创造人与庭院、人与人、人与自然亲切交流的生态社区。

项目设计采用“新亚洲古典主义”建筑风格，以地域特色的传统文化为根基，在现代感基础上，把亚洲元素植入现代建筑语系，将传统意境和现代风格融合运用，融入现代技术与人情味，使居住者情感回归于宁静与自然。设计始终以“人居”为基准点，追求居住的舒适度与品位，同时又赋予社区独特而大气统一的风格，从而营造出具备丰富内涵的“国际化生活品质，人文化现代居住”优质社区。

Cendes
Zhong Yu
ARMANI
甲方
JUST DESIGN IT
Idea

2015-2019

2015-2019

国际视野

2015 年底，山鼎设计获得中国证监会的批准在深交所 IPO，成为中国首家民营的上市建筑设计企业。 成为上市公司后，山鼎设计积极寻求和央企、国企及政府平台公司的项目合作，继而成功获得了中交国际中心（成都）和中核集团总部（武汉）等大型央企总部的设计权。

同时，山鼎在 2013 年建立了 BIM 研究中心后，多年来持续鼓励 BIM 技术在大型公建项目中的实践和运用，并取得令人瞩目的好成绩。2016 年，成立子公司山鼎科技，希望在此平台上引入对建筑科技的实践和运用，特别是装配式建筑的设计。

至创立之初，山鼎设计的核心团队一直是高度国际化的，也是山鼎设计能在国内设计行业的高度竞争中保持优势的重要因素。随着国家的“一带一路”战略发展，山鼎设计的项目在东南亚和非洲都有了一定的实践经验。2019 年，老挝万象的大型商业综合体一期工程的竣工，标志着山鼎设计的国际化进程进入了新的阶段。

2014.9.9
Cendes
ARCHITECTURAL
Creative
Zhong Yu
CS
SAY
yes
Idea
Team
Plan
Idea
creative
甲方
整合创意
ARMANI
加油
改!
空间
JUST
Team

山鼎设计涂鸦

集体创作（陈栗、王琦、张鹏、叶锐、樊帆、王滔、李晓甜、彭佳、张贝蒙、王川），2014

山鼎设计

山鼎设计总部办公室

高效现代办公空间，2014

山鼎设计成立 10 多年后，终于在城市商务核心区、东大街紧邻府河的重要节点，购置了时代一号 37 层整层的办公场所。楼栋的区位优势明显，紧邻春熙路商圈，位于 150 米的楼层高度，让山鼎设计的总部办公室拥有了壮观的城市天际线景观以及两江环抱的绿色视野。经过设计团队近 8 个月的精心打造，力求以全新的“High Performance Office Space”（高效工作空间）理念，从技术、工作、环境、经济四个维度出发，打造高效、灵活、科技、绿色的工作空间。

平面图

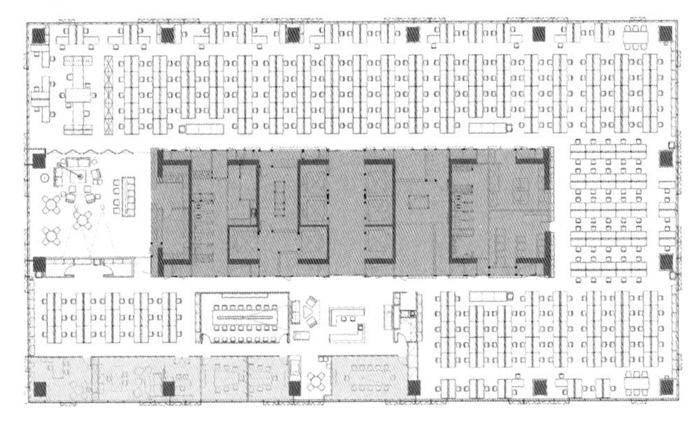

高效：激烈的市场竞争对设计企业的效率要求不断提高，传统的封闭式工作空间已经不能提供效率的提升，全开放式工作平面定位使本案从布局就完成了各工作流程的紧密衔接，必要封闭空间的设置和处理也是全面考虑特殊的需求而量身定做——真正实现全开放、高互动、多动线的高效办公设计。

灵活：为满足未来企业发展的种种变化，灵活办公的需求也是设计重点之一。利用建筑设计优势引入模数及模块化设计理念，不管是功能布局、空间塑型还是材料运用都在严密的数学模型的控制之下进行，部件的设计也全面遵循装配化工艺要求——灵活的室内设计让工作空间具有无限延伸的可能性。

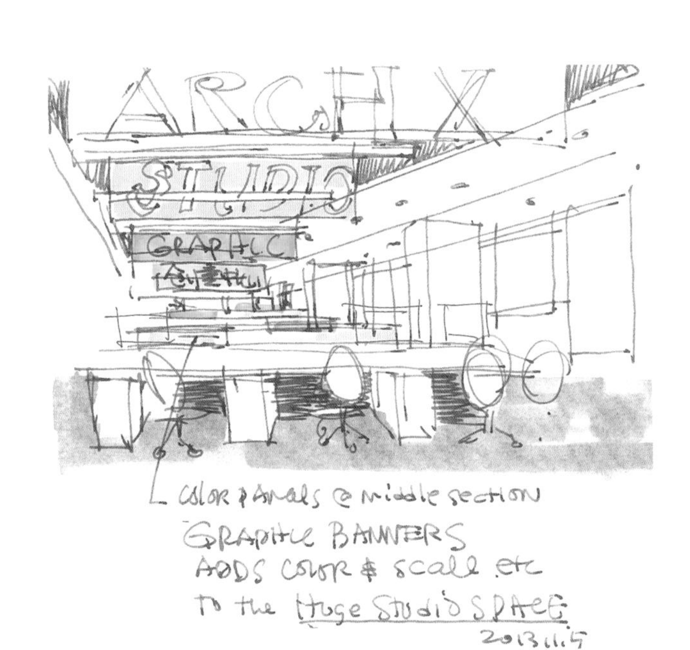

Design Details. 10.15

科技：32:9 的超级宽屏、移动终端与投影的无线对接、Looking Though（透视视屏）技术的展示运用、电子白板的普及……全新技术及设备的引入——在技术程度、工作效率、行业前瞻性方面都树立了业界新的高度。

绿色：本案设计秉承“绿色”环境概念，设计强调人与环境的和谐关系。高架地板系统避免施工中的粉尘污染及湿作业；与供应商共同研发“Work Station”（工作站）系统，提供最佳的人体工程学解决方案；全部采用可回收材料，经测量完工即可入驻，无任何有害气体；在工作区周围设置大量磁力白板，降低能耗——呈现真正的“绿色”工作空间。

GUCCI
SHOPPING CENTER

老挝·WTC

“一带一路”项目，2014

山鼎设计依托“一带一路”战略构想，推进新格局区域合作，充分发挥国际化专业背景团队优势，积极延伸海外业务——老挝万象综合体因势而生。万象，作为规模日益发展的国际都会中心，单一建筑功能已无法满足日益复杂的复合型城市发展需求。世界上优秀的都会中心，均以其丰富完整的业态、集合多样的建筑群、生态绿色的环境吸引大量的使用者到来。该项目也将肩负起城市中心的重任，以有机结合国际领先理念、打造全面丰富的功能业态为依托成为领先本土的示范性项目。

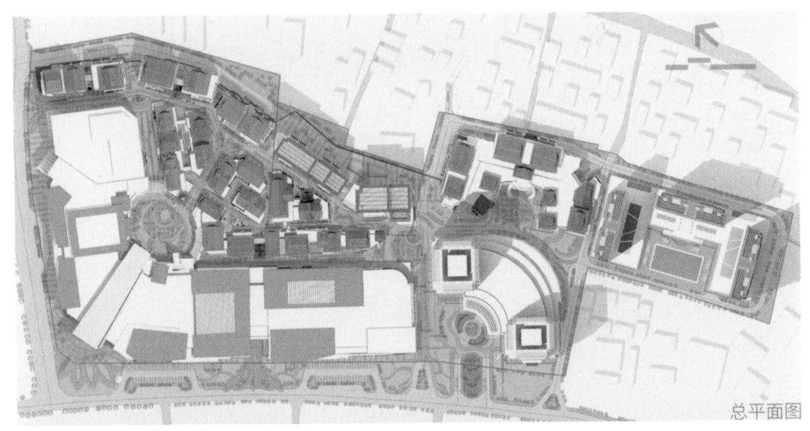
总平面图

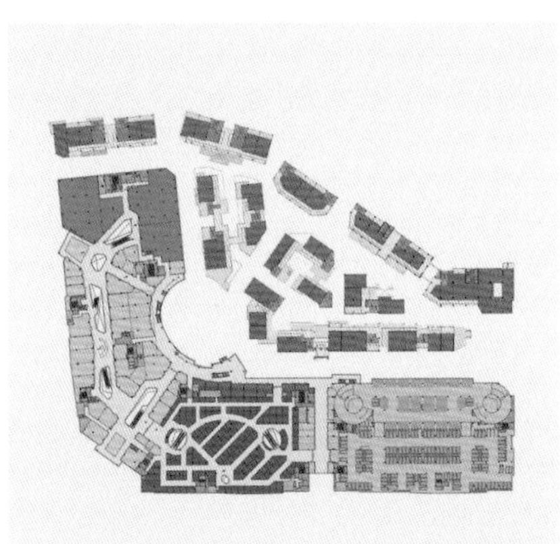
三层平面图

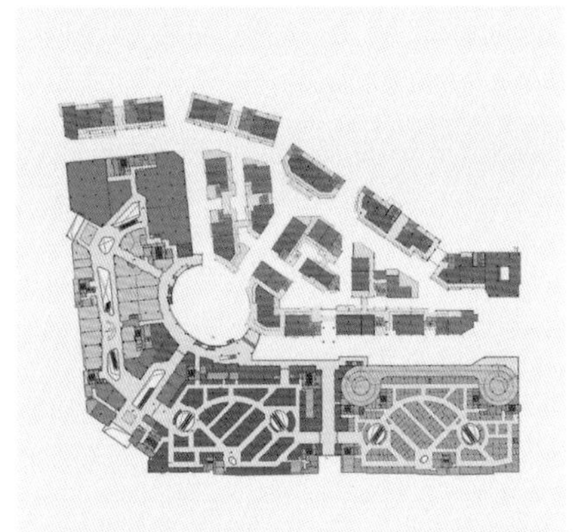
二层平面图

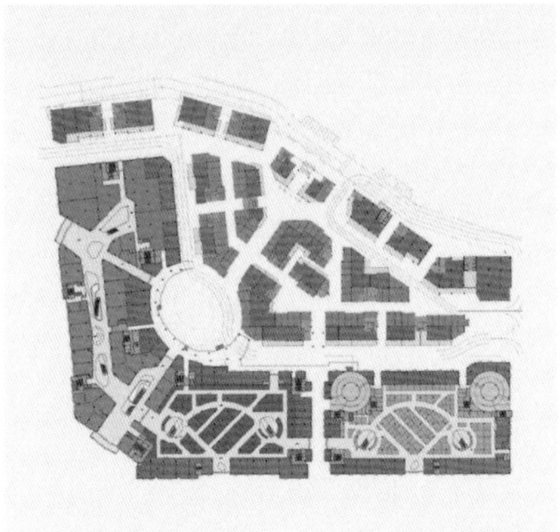
一层平面图

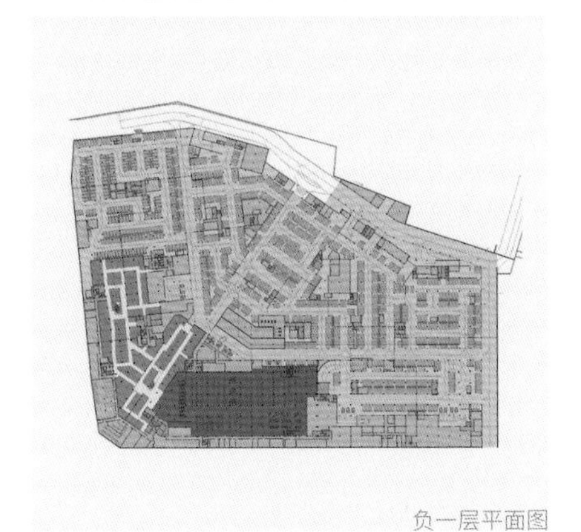
负一层平面图

2014 年接触老挝 WTC 项目。这也是商业建筑发展比较迅速的年代，各地的购物中心及商业街相继亮相。山鼎设计一直延续着商业设计的基因。设计本身并不是本项目的难点，我们要面对的是如何将万象第一个巨量的商业综合体落地。

首先介绍下万象，作为我们“一带一路”战略门户国家老挝的首都，历史文化悠久，多次的造访，也让我对东南亚国家的印象有了更深的理解：热爱生活、安逸闲适。这是难得的生活状态。我们在创作中如何化解“BOX”，让民众获得体验感，打破建筑边界，是个贯穿始终的课题。

万象起步较晚，业主方肩负着在万象打造第一个“CBD”的重任。设计的落地也需要主力业态招商的支撑：主力店、影院、娱乐、食阁等的落位，在各方的努力下渐渐清晰；但我们也面临着基础设施缺失，规范执行自主判断，语言障碍等困难。我们的技术团队努力克服各种困难，经过多轮探讨，项目施工图得以顺利推进。

商业综合体项目设计是有多方团队协作配合推动的，其间与投资顾问、招商运营团队、商业顾问、各专项设计团队、各工程团队的交流探讨，也让设计团队受益良多。今年百盛正式进驻，B、C 区交付各种商家运行，中老铁路稳步推进，相信本项目会成为大家体验到东南亚旅游新方式的其中一站。2018 年，设计团队在万象度过了新年，万象的美让大家记忆深刻，当然也少不了美食、老挝咖啡、BEERLAO！

（注：陈栗 撰稿）

设计团队在万象 WTC 项目合影

MERRY
CHRISTMAS
&
HAPPY
NEW YEAR
Carlsberg
PARKSON
Carlsberg
CHRISTMAS
UnionPay
UnionPay Your Way

ENTERPRISE SQUARE
企业广场
ENTERPRISE SQUARE
企业广场

沈阳·嘉里建设综合开发

十年磨一剑……嘉里建设的又一大型作品，2009-2019

总平面图

2006 年开始为嘉里建设的精心服务，山鼎设计逐渐获得了嘉里的信赖与认可。2009 年我们再次获得了邀请，同时参与唐山雅颂居 & 香格里拉大酒店、沈阳嘉里中心综合体项目的设计服务工作。

沈阳嘉里中心城市综合体项目分三期进行开发，先后经历了 SOM、王欧阳（香港）、中建北京院等国内外知名设计公司参与。山鼎设计参与了整体规划设计、A1b 地块雅颂大苑高端住宅的全程设计、企业广场甲级写字楼 B 座全程设计、嘉里城商业全程设计等。

居住项目作为沈阳嘉里中心二期开篇之作，定位为区域高端项目，总建筑面积 15.7 万㎡，由三栋 150m 超高层住宅及配套商业组成。项目紧邻香格里拉大酒店，产品位置、交通、户型定位、精装设计、物业管理均遵循了嘉里高端系列产品雅颂居的一贯品质，故称“雅颂大苑”。

嘉里中心办公、商业业态为项目核心综合体。其中办公项目为甲级写字楼，设计标准及定位为嘉里办公系列产品“企业广场”，总建筑面积 7.8 万㎡；商业项目为两栋办公塔楼的裙房，设计标准及定位为嘉里商业系列产品“嘉里城”，总建筑面积 12.6 万㎡。项目整体已于 2018 年 11 月开业运营，初步确立了沈阳嘉里中心区域性地标的地位。

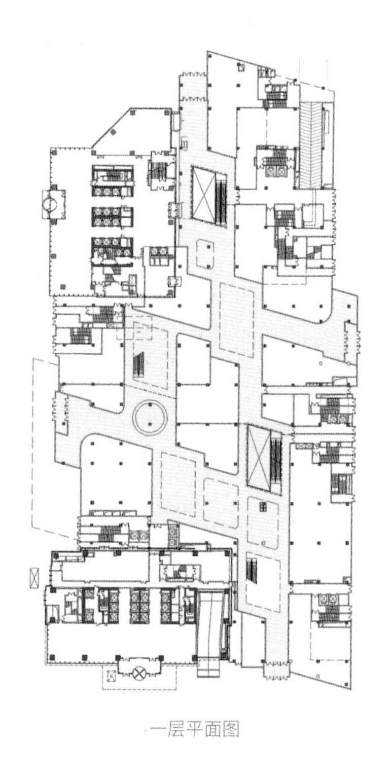

一层平面图

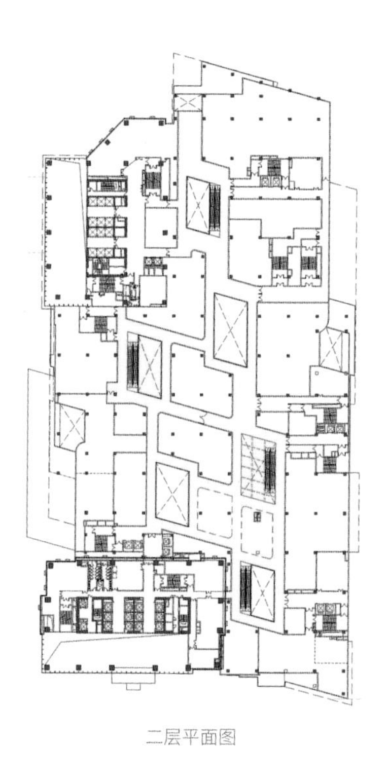

二层平面图

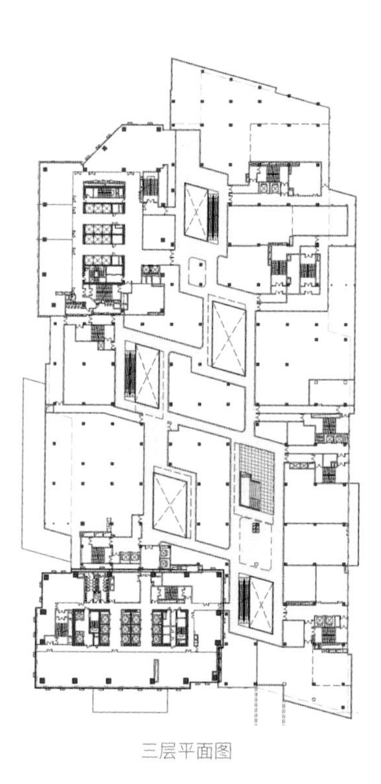

三层平面图

ENTERPRISE
SQUARE

Shangri-La
香格里拉大酒店
HSBC
2018

成都·华侨城东岸别墅

2016

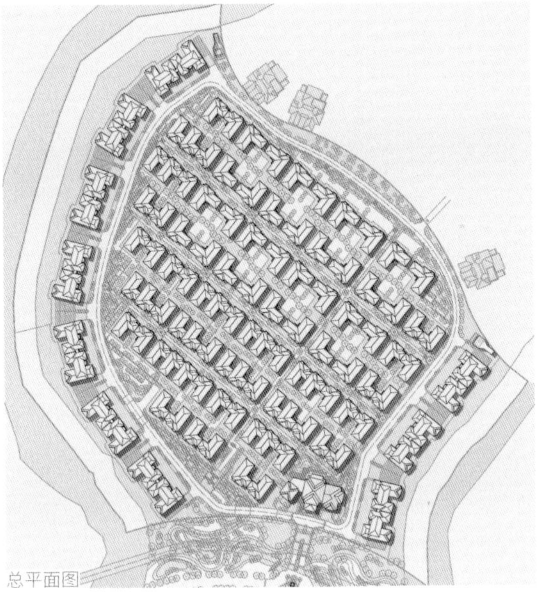

总平面图

跟华侨城的接触始于天府新区的一个规划概念，但对华侨城的关注却是源于深圳华侨城欢乐海岸——一个体验式商业的标杆。也是有了这份关注，我们顺利完成了这个周期很短的任务，也为天屿这个项目的合作打下了基础。

地块处于成都华侨城的湖心岛位置，优势明显。除去建筑设计本身，对地产开发模式、建造方式和创新技术的引用等研究，给设计团队提出了更高要求；尽管很多尝试最终没能实现，但不妨碍华侨城对品质的追求。

赖特住宅的风格源于东方文化，整体格调成熟内敛；“院”的规划布局也切合国人对居住模式的追求。呈现效果不负用地区位，成为成都高品质住宅的标杆。

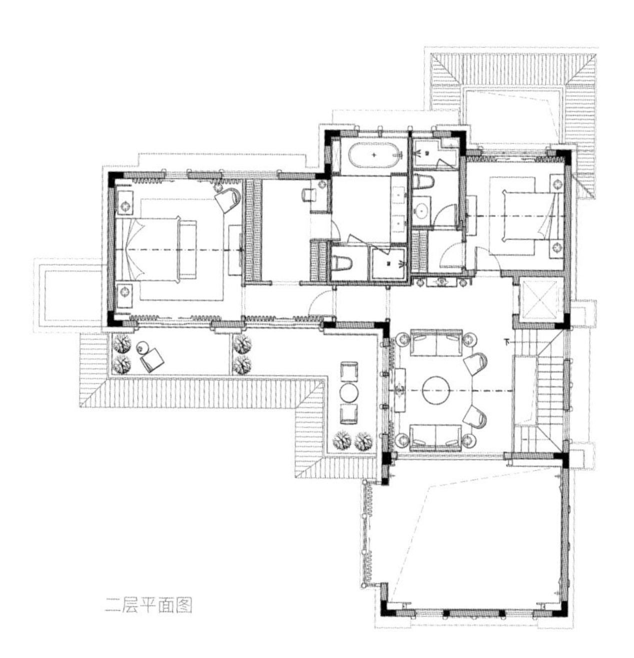

二层平面图

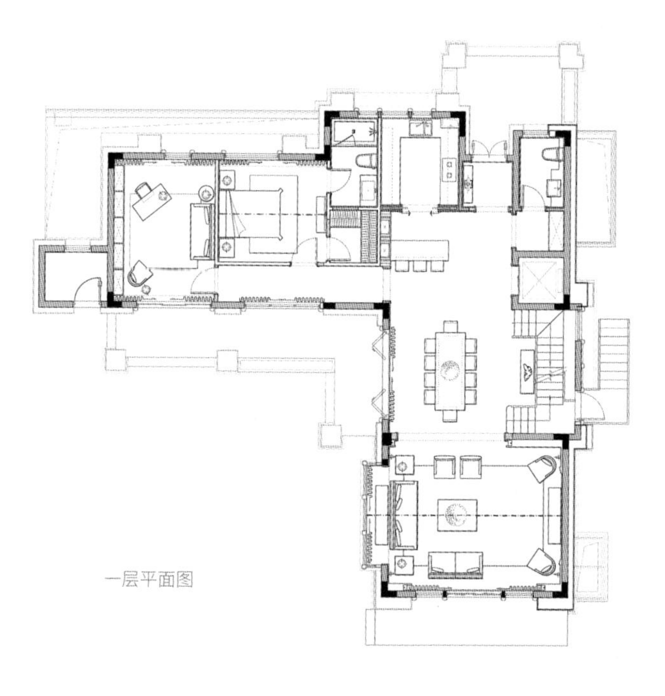

一层平面图

北京兴隆融创城

山东齐河融创金街

济南万达文旅城

北京融创雁栖湖

济南融创涵玉翠岭

青岛融创琅琊台

北京朱辛庄商业综合体

济南融创段店

山鼎与融创

永远和强者在一起

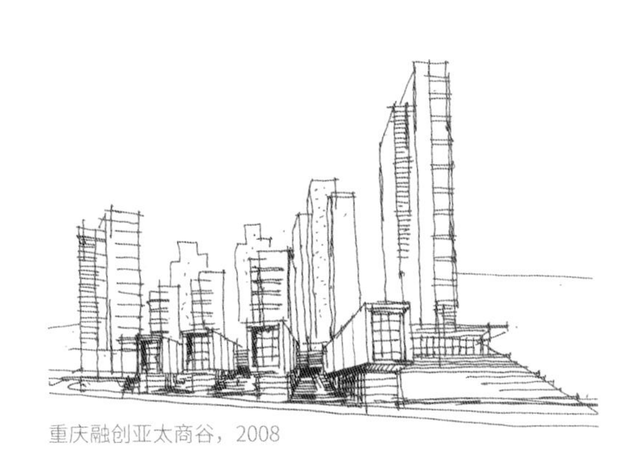
重庆融创亚太商谷，2008

天津顺驰，现在很多年轻的建筑师已经不了解，但在 2008 年经济危机前，顺驰的行业业绩曾经一度名列前茅。顺驰也是第一个带着山鼎设计在全国进行项目设计的开发企业之一。基于与顺驰的合作，山鼎设计在 2005 年获得了顺驰兄弟企业融创的信赖，并获得融创进入重庆的第一个项目——融创亚太商谷的设计任务。尽管由于各种原因项目最终未能实施完成，但该项目开启了山鼎与融创直至今天的互信合作。2008 年的金融风暴来临后，行业大规模调整，山鼎设计服务了顺驰位于济南的最后一个项目。与此同时，经过与融创的磨合，时间与项目打造了我们双方的互信，并伴随着融创的发展，双方合作日趋紧密。

与很多开发企业相比，在开发大规模增量的同时还能将产品质量提升，是非常困难的，融创却一直坚持。融创的产品质量一直保持着较高的水准，无论从设计还是施工的管理体系都在全国出类拔萃，2018 年后融创跻身全国行业前 5 强并且积累了很好的产品口碑。

截至目前，山鼎设计成都、北京、西安三地公司正全面服务融创北京区域、华北区域、东南区域等多地项目。尤其在北京区域济南公司已成功落地完成了一系列项目。

济南·融创段店

华北地区的重要实战，2015

济南是华北地区的重要发展城市，济南段店片区是山鼎设计参与的首个实施项目，其中包括财富壹号住宅项目、剑桥府邸住宅项目、财富壹号广场项目等。业态涵盖了写字楼、公寓、高端住宅和商业街区等内容，是一个社区级的大型开发项目。在经历了 3 年左右的设计管控与施工配合，项目已经部分竣工。 项目实施的高效性，对设计图纸、施工配合的高要求和及时性也是必然的。融创的段店片区项目为山鼎设计提供了一个设计与实践的良好机会。

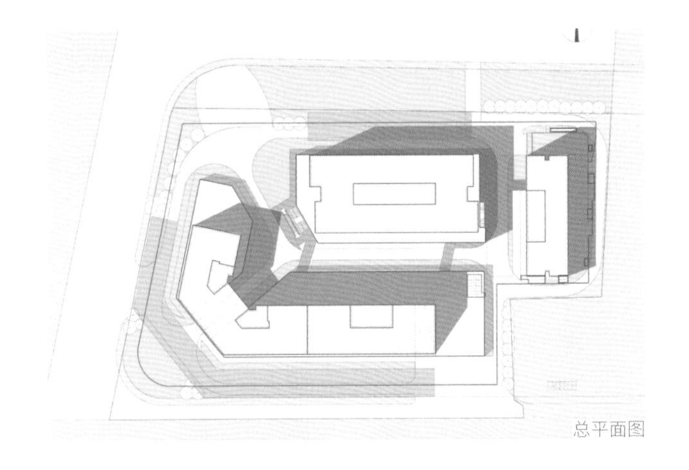

总平面图

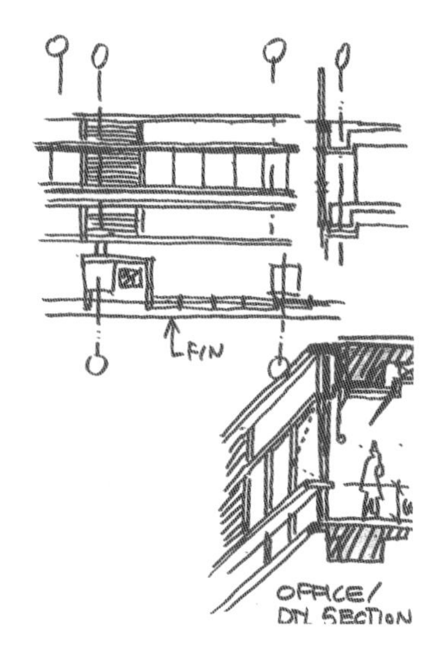

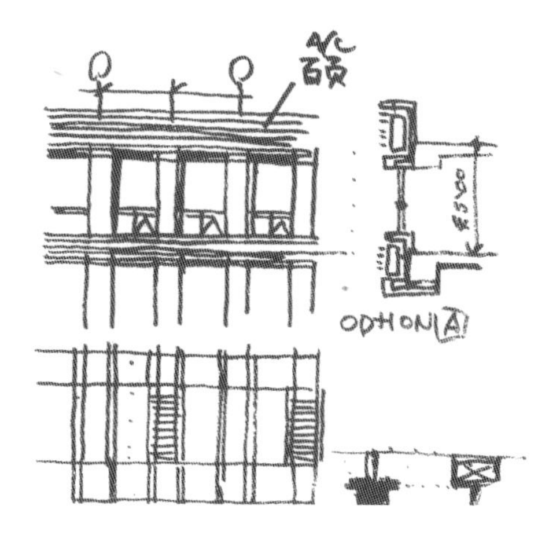

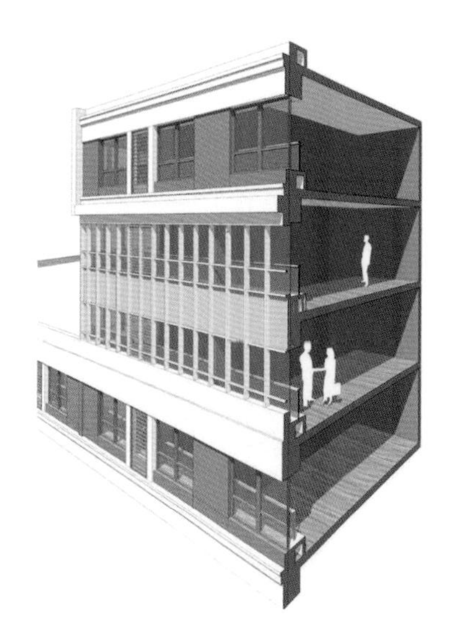

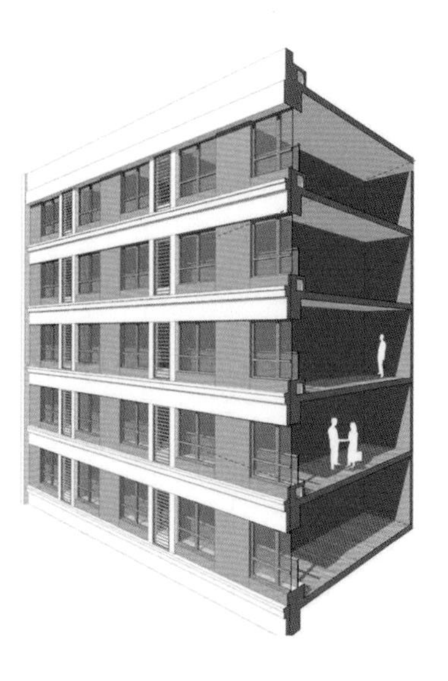

剖切效果示意

经十路
路段

成都·中交国际中心

全 BIM 设计的大型写字楼，省级 BIM 设计一等奖，2019

火光将黄昏拖入黑夜，疲惫终于压抑住悲伤……当人们决定在这里建起一座城，他仿佛看到了百年以后，商队在西时行过廊桥，每一个人都会不由自主地看向这里，看向这座高塔。它仿佛是用泰坦的利刃雕塑出来一般，闪烁着金色的光芒……

贝纳托 · 蒙克——《高墙外的日落》

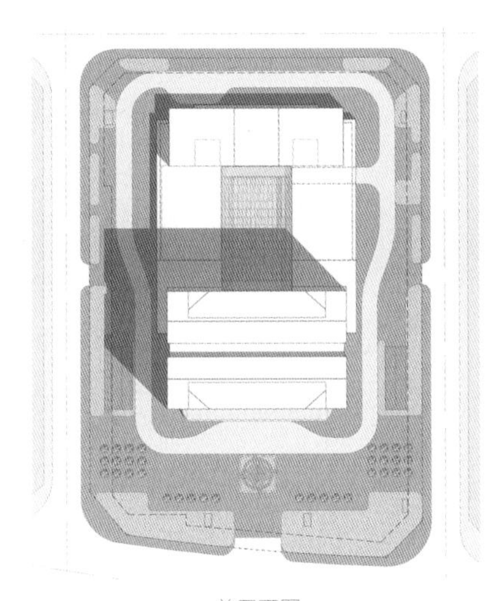
总平面图

项目位于成都市天府新区秦皇寺中央商务区，紧邻天府公园，占据区域最佳自然环境。中交国际中心由一栋 220 米超高层甲级办公楼、一栋 144 间客房的商务精品酒店及 4 层定制型商业商务配套组成，是一座集合式综合体。高密度的城市中心、便利的交通、一线景观资源、最佳城市展示面——诸多条件决定项目具备了城市地标的潜力。

建筑依托场地西侧天府公园的优势景观，以中轴对称的方式进行建筑组合布局，矩形平面的办公楼长边正对公园景观，使得占项目 80% 的物业都能与天府公园获得联系，最大程度地利用自然景观。站在天府大道远眺，建筑高大雄浑的躯体仿佛生长于葱郁的森林、映入静默的湖面；登上 220 米处的观光廊桥，向东远眺蜿蜒卧龙，向西尽观天府公园。

世界500强中国交建
实力巨铸5A甲级写字楼
开启成都商务先例

项目竖向发展，依次展开的有：开阔的大堂、回廊式串联酒店、办公的商务及商业配套、共享式商业中庭、使用率超出市场标准的办公楼层、顶层企业中心及市民观光廊桥等等；细节之处体现了对功能和空间感受的完美要求，也体现了对使用者的理解和尊重。

地标型建筑需要传达独特性和记忆性的特质，并非需要光怪陆离的形象塑造。建筑师通过对业主企业文化的理解和概括，抽象出具有代表性的建筑形体，在保证建筑体型方正实用的基础上进行收分和切分，传达出雄浑有力的建筑形象。建筑顶部门架式观光廊桥是项目的点睛之笔，很好地寓意出“天府之门，中交之门”的含义。

山鼎设计 BIM 团队在项目开始阶段就介入工作，各专业高度协同配合，高效优质地利用 BIM 设计平台为项目提供“图，模，量”一体化设计。项目荣获行业大奖和业主的高度评价，被四川省建设厅收录为“新中国成立 70 周年国庆献礼重大项目”。

2015-2019

其他作品

2015 北京·华远西红世
武汉·中核时代广场
青岛·金茂中欧国际城

2016 南充·雍景上河湾
长春·环球贸易中心

2017 成都·蓝光芙蓉天府
德阳·枕水小镇

北京·华远西红世

地点：中国，北京
规模：163,514 ㎡
业主：华远地产
时间：2015

项目位于北京市大兴区西红门镇，东至广平大街，西至广阳大街，南至规划横一路，北至春和路，规划总用地规模 40904.76 平方米，由 16 栋楼组成，主体建筑高度 45 米，呈半围合形式。设计力求从土地利用和土地使用方面综合考虑，在新媒体产业功能之外，引入办公、餐饮、购物等多种城市配套业态，丰富该地区的功能类型；注重整体性，从文化价值、地理环境等方面着手，注重对新媒体产业特质的挖掘与利用，成为大兴区一个充满文化与活力的新地标类综合中心。

武汉·中核时代广场

地点：中国，武汉
规模：344,300 ㎡
业主：武汉中核投资发展有限公司
时间：2015

项目位于武汉市汉阳区江城大道与梅林四街交叉东南角，地处“两江六湖”核心区域的汉四新区，毗邻武汉国际博览中心，周边路网发达，各条道路状况良好。项目包括了中核武汉研发中心、200 米国际甲级写字楼、商务酒店公寓以及优品住宅，设计以“适用，经济，生态，可持续发展，具有前瞻性的二十一世纪品质生活典范”为指导原则，以现代建筑风格结合合理的建筑布局，精心的体形塑造以及精细的立面设计，结合城市区域配套，植入绿色建筑元素，打造出文化、时尚新地标。

青岛·金茂中欧国际城

地点：中国，青岛
规模：301,100 ㎡
业主：中国金茂青岛公司
时间：2016

本项目位于青岛市胶州湾湾底，总用地面积 11.28 公顷，地上总建筑面积 24.35 万平方米，是“三河”——祥茂河（政府将打造 15 公里滨水艺术长廊）、墨水河（青岛起源地即墨的母亲河）、白沙河（源于崂山巨峰，青岛水位最高的河流）——交汇入海口，地理位置极为优越。项目规划充分利用场地优势景观资源，力求做到户户观景；巧妙利用地形减少地下空间开挖，降低造价成本。项目采用新古典风格高层的建筑形式，吸收先进建筑风格的精华，通过典雅大气的建筑形式和特色的园林景观设计营造出小区自身特有的气质内涵，在彰显自身个性的同时，以一种优雅的姿态融入到项目区域简约、典雅、亲近自然的总体氛围中。

南充·雍景上河湾

地点：中国，南充
规模：690,000 ㎡
业主：四川南充都京港务有限公司
时间：2016

项目位于南充下中坝新区的高端居住区。政府对新区的投入巨大，使小区配套齐全、区域潜力大、交通快捷高效、环境舒适便利。项目产品定位于建筑精品、城市刚需和改善型舒居高品质住宅三种规格。规划以组团围合式布局，点板结合，南北向为主，有效创造大尺度庭院空间，使更多住宅区享受景观的同时也强调社区景观的通透性；通过建筑的扭转使景观视线的可达性更好，对建筑高度的调整创造高低错落的城市天际线。建筑采用法式风格以呼应产品精致高端的诉求，并回应政府和市场对项目的期望，使其成为南充地区的销冠楼盘。

长春·环球贸易中心

地点：中国，长春
规模：290,000 ㎡
业主：吉林省领地房地产开发有限公司
时间：2016

本项目用地位于绕城高速内侧， 城市主干道彩宇大道与老环城路交界处。主体建筑为一栋 160 米高的甲级写字楼和 4 万平方米的商业裙房。 写字楼标准层面积为 2000 平方米，设计层高为 4 米。塔楼的立面材料为虚实对比的幕墙体系，并引入外墙灯光体系。为了使商业面积完善利用，在裙房的内部设计椭圆形中庭。中庭的设置起到了拉动和聚集商业人气的作用,并且使沿中庭布置的铺位的商业价值得以大幅提升。

成都·蓝光芙蓉天府

地点：中国，成都
规模：700,000 ㎡
业主：四川发展土地资产运营管理有限公司
时间：2017

项目位于仁寿城北新城门户位置，交通便捷，景观优越，具备大盘开发的先天优势。在规划设计中，临仁寿大道创新引入 50 米宽的长中轴景观示范区，以“序列轴线、纵深开阖、前府后院”的礼制空间，在基地内绘制出一幅中式画卷，一举奠定项目的大盘气势，为城市铸造一所诗意栖居之地。项目二期设计期间，受当地政策变化的影响，规划设计方案经历了多轮重大调整。在“芙蓉系”高端严苛的标准之下，积极配合推进，在“芙蓉系”1.0 版基础上创新升级，为天府追求品质生活的人群打造实现绿色品质人文生活的居所。

德阳·枕水小镇

地点：中国，德阳
规模：195,193 m²
业主：四川新力葆房地产集团有限公司
时间：2017

项目位于德阳市经济技术开发区中心地段，属于德阳市重点发展片区。地块西面紧邻市政南湖公园，景观朝向极佳，北侧和西侧分别为天上南路和峨眉山路，交通便利，区域优势明显。沿用地西侧南湖公园设置城市商业及100米点式高端住宅，滨水公园、江景一览无余，便于人流的引入及城市形象的塑造。场地中心区域点式、板式高层延续一期的半围合布局，更注重空间的通透性，形成多个大尺度中心庭院，景观互相联系共享。

設計Excellent
300492
規划
城市綜合館
Architecture
設計

2020-

追求卓越

山鼎设计满怀建筑师的理想，吸引来自五湖四海的设计人才，联合国内外优秀的设计合作伙伴，组建积极进取的项目团队，持续推动对设计的追求，不断挑战建筑创新思维和科技设计手段，努力践行“整合创意、设计未来” 的核心思想。

山鼎设计二十年的实践，使我们深深体会成长过程中的艰辛，深知只有通过务实实践，才能积累经验和教训，才能赢得业主和行业的认可和尊敬。

未来，山鼎设计将继续在实践的道路上砥砺前行，不忘初心，践行设计企业更加包容、更具价值认同的目标，追求真正意义上的“卓越”。

2020-

北京山鼎
中海广场 CBD 办公区

追求卓越时代的工作场所，2019

2019 年，山鼎设计北京公司由中海广场 21 层迁入 27 层，也是继成都山鼎设计总部时代一号办公室之后的又一新办公场所。北京中海广场位于北京 CBD 核心地段，南面鸟瞰长安街，东侧毗邻国贸中心，占据国贸商务圈显要位置，在工作区向西眺望可以看到北京城的全景。

山鼎北京公司的办公家具全部由全球第一大办公家具品牌 Steelsace 提供，地毯为全球第一大地毯商 SHAW 提供，另外还使用了德国旭格的推拉门、英国索恩（THORN）的灯具等，力求打造高效、灵活、科技、环保的新一代办公空间。设计上延续了时代一号的设计风格，布局采用大开间工作室模式，提升了空间的使用率。特别取消了管理层的单间设计，使设计人员和管理层达到无缝连接，在提供空间效率的同时也降低了沟通成本。

在整个实施过程中除了顶棚和空调以外，全部使用成品现场安装，有效地现场施工带来的污染。在施工过程中，设计的精细化和专业性将现场调整降到了零返工，大大地节约了工期和成本。山鼎北京办公场所体现了山鼎企业的文化，同时也展现了当代办公环境的风格和时尚感，特别是增强了员工工作中的愉悦度。随着科技的进步，改变了传统的工作方式和环境，山鼎设计在未来的办公场所设计中将会得以不断地提升，和设计一样，永远走在前沿。

成都·交投置地国际创新中心

天府新区 CBD 核心区，地下环形交通上盖的首施项目，2019

本项目位于成都天府新区中央商务区，中央生态带和东西向轴线宁波路的交汇之处，为该区域重大产业项目地理位置极为重要。地面总建筑面积 21 万平方米，为一座 35 层和一座 45 层超高层塔楼，建筑高度分别为 160 米和 220 米。

项目毗邻中铁西南总部，东望一带一路大厦，南临中央商务生态带，远眺天府中央公园，无论是景观价值还是区域价值，都具有极强的先发优势。项目落成后必将成为区域内重要的智能化交通国际创新中心及标志性企业总部大楼。

本项目的建筑用地被城市规划道路一分为二，如何处理建筑场地之间的关系以及建筑与城市的关系是本次设计中的一项重要任务。在不断的模拟与论证之后，设计最终呈现在城市界面上的是两座完全独立的建筑单体，二者依靠统一的建筑语言形成有机的整体——利用两座塔楼裙房在整体平面中的几何关系，结合景观设计整体打造广场节点，在满足城市交通需求的同时，完整地呈现建筑所承载的企业形象。

作为天府新区 CBD 核心区地下环形交通系统线上的首个实施项目，山鼎设计与市政设计单位通力合作，实现建筑场地之间、项目与城市交通之间的无缝衔接，大幅提升项目地下利用率的同时，为后续建设项目树立标准与标杆。

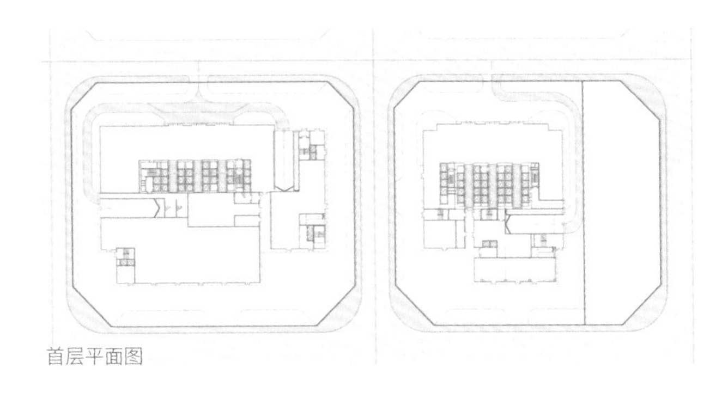

首层平面图

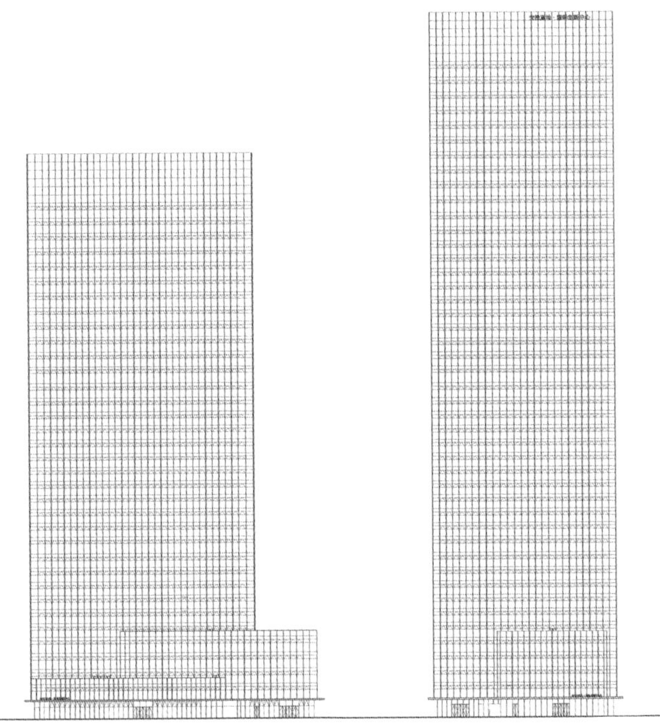

立面图

齐河·融创观澜府邸

2019

本项目位于山东省西部城市齐河的城南新区——齐河金融中心西南，东侧紧邻黄河大道，西侧为预留政府综合办公楼地块——为城南新区核心区域，区位条件较好。地块分南北两块，共计 15 栋主楼，商业散布于南地块东侧；丰富的业态配置，合理的分区布局，确保整个片区的动静分区、交通流线顺畅，有较高的商业价值和景观效益。

怀化·岳麓青城万达广场

2019

本项目位于湖南省怀化市鹤城区湖天片区，湖天南路与南环路交汇处；地处怀化高铁门户，东靠湖天公园，西临太平溪，南接高铁南站、高速南出口，比邻怀化市图书馆；雄踞高铁新城核心区，地理位置得天独厚。项目总建筑面积 21 万平方米，涵盖大型购物中心、高端公寓、室外步行街等多种商业业态。万达广场的设计以宝盒为设计雏形，融入山川、河流的元素，赋予建筑生动的生态脉络，融合自然元素赋予建筑复杂性和自然美。山川的起伏脉络，河流的运动形式，赋予了建筑与自然之间这种神奇的相互作用，雕琢出了一系列动态空间；多宝盒形态在建筑上的运用，寓意美好。

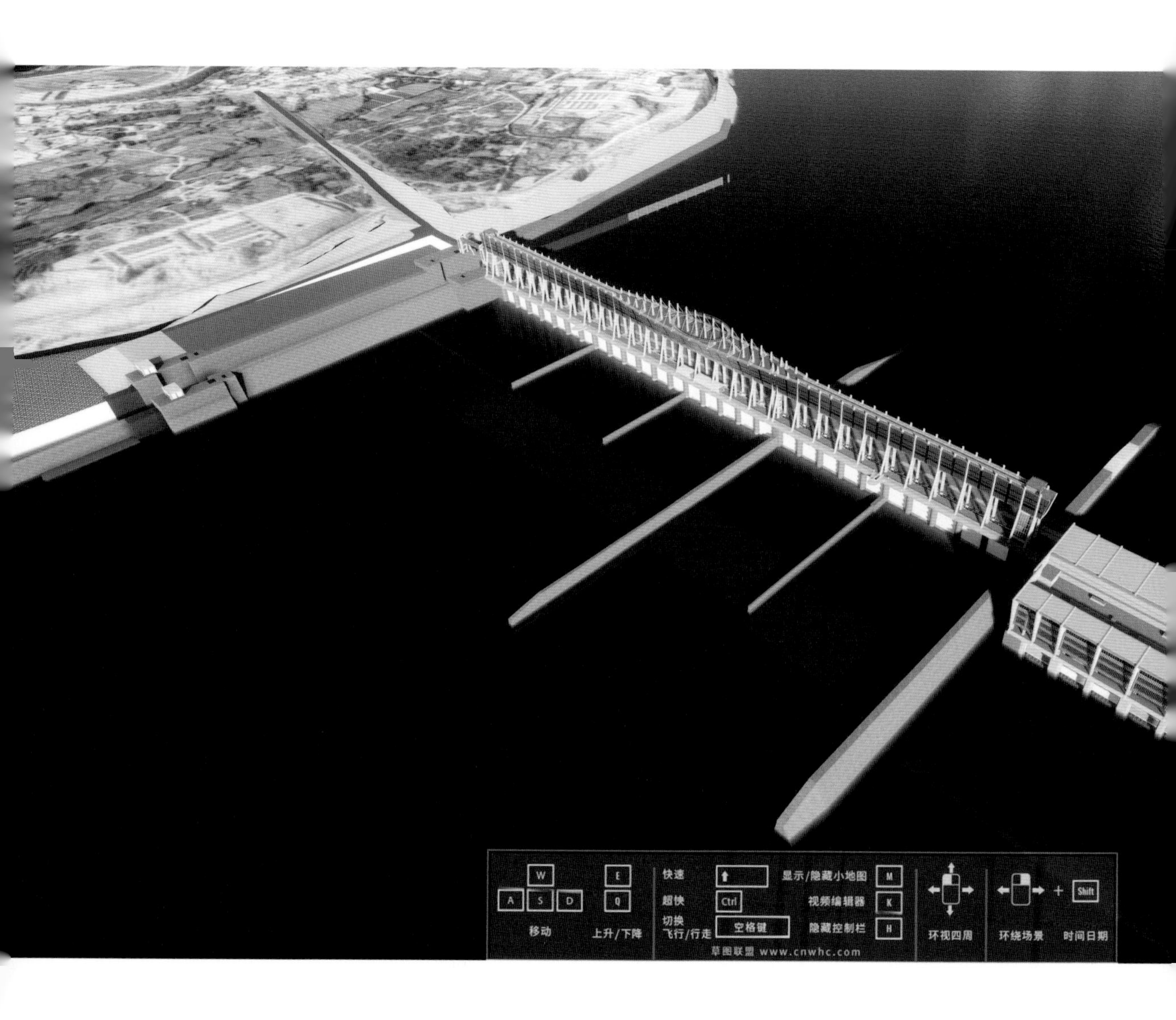
W
E
A
S
D
Q
移动
上升/下降
快速
超快
Ctrl
切换
飞行/行走
空格键
显示/隐藏小地图
M
视频编辑器
K
隐藏控制栏
H
环视四周
环绕场景
Shift
时间日期
草图联盟 www.cnwhc.com

四川·犍为航电枢纽

BIM 参数化设计和运维，2018

山鼎设计 20 年实践过程矢志成为行业技术创新的先行者。基于 BIM、互联物联及智能化等技术基础，设计及项目管理实现从二维迈向多维化、从经验向科学模拟，从人工向智能化跨越；为各类型项目提供了全方位的品质管控、风险预判及精细化协同执行交付。

作为采用系统性创新技术应用的典型案例，岷江犍为航电枢纽项目全周期采用多维数字化信息技术，依托虚拟建造理念，搭建全息化、智能化、精细化的工程管理协同模式。本项目创新应用主要体现为 BIM 系统化标准化应用、全专业图模联动、多维可视化、在线实时协同管理平台、虚拟建造管控等“五大内容”特征。

系统化标准化应用

多维化工业化时代，建筑勘测设计以系统化标准为基础，需对 BIM 执行架构、软硬件方案、资源库建设、信息格式、交付内容及计划予以详细界定；编制各项执行交付标准；并提供多轮参建单位的针对性培训——确保新机制下的项目全流程有序有效地落地执行。

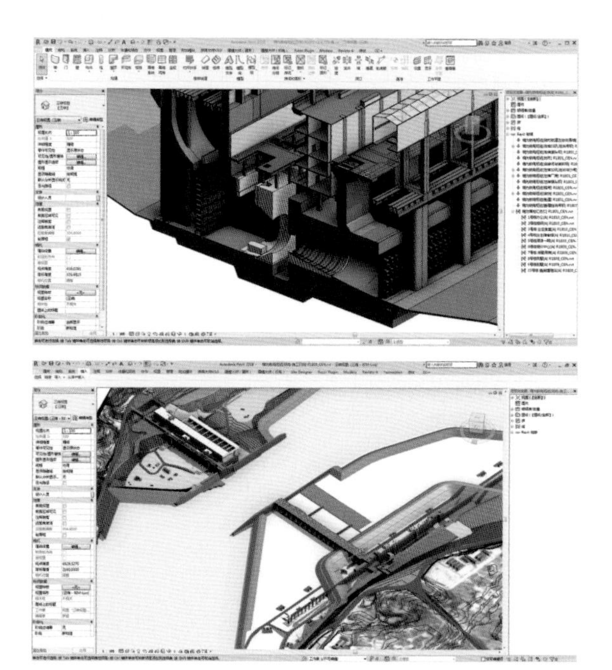

要前提条件。建模出图的联动方式要求在项目全流程贯通，保障各项设计变更及统计在图纸模型上同步体现。项目全过程借助 BIM 图模联动方式实现可视化交底与图纸交叉审核，及时发现设计缺陷及工程隐患。

虚拟建造模式要求 BIM 图模联动最大化涵盖全专业范畴。从土建机电等核心专业到总平场地及幕墙等各子项内容，皆能基于统一的平台实现交互交底。通过图模联动的执行交付方式，项目在设计及施工管理过程中能充分基于模型与图纸进行同步交底，大量减少各专业的后期变更及现场协调工作。开发、设计及施工单位等各部门能充分利用同一模型进行深化设计、信息传递、审核优化、竣工以及后期运维准备等各项工作。

全专业建模及图模联动

借助先进技术手段（如无人机激光航测校核、激光扫描及专业级地理信息模型），项目实现高精度数字化场地构建；比对完善并矫正大量传统测绘数据信息。完整准确的施工现场信息数据模型，保障了实时精细化土方开挖、围堰及施工组织实施等信息数字化模拟。航电枢纽各分项 BIM 模型领先于施工进度计划，创建并保持与设计图纸的全程联动更新、实现与工程设计资料准确对应的信息数据模型——保障了 BIM 全周期及各项多维化延伸应用。

图模联动提供复杂项目的二维信息(工程依据)与多维信息(虚拟建造依据)的实时准确对应；是实现虚拟建造管理的重

精细量化模拟

借助智能化工具，高精度化数据模型的参数可实现快速统计，为项目全过程的精细量化跟踪管控提供可能。

项目基于数据地理信息模型及设计模型实时导出挖填方量分析统计数据，实现竖向设计的多方案优化。借助绿建分析工具及云计算实现日照、节能、采光、风场、流体环境舒适度等建筑品质的真实模拟。智能化工具可进一步对设计安全及合规性问题（如疏散、消防等）进行精细化模拟比对。项目决策依据客观数据进行评判，摆脱了传统经验论和粗放式的设计推导方式。丰富多样的建筑形态及关联关系借助参数化驱动技术得以实现。

多维可视化

精确全息化模型提供了项目从三维可视化、四维动态模拟至五维量化的跨代技术优势。相较于传统设计效果图，建筑信息模型导出的三维成果具备真实客观性、实时性、全专业化及全程化等优势特点。借助模型渲染联动、云计算及VR工具，项目全程可以对各节点进行实时浏览、审查跟踪，对构筑物的材质等视觉效果及可选变量参数等进行仿真模拟，实现设计品质的精细化管理。

伴随着信息模型的推演，项目进程中可以提供多版次无盲点三维可视化成果跟踪。BIM 可视化工具可以对构件时间或阶段信息参数设定，进行四维化模拟演示、提供复杂标段的施工工序指导、施工计划模拟以及物理功能的模拟分析，满足项目设计施建的精细化及科学化管控的要求。

在线实时协同管理平台

BIM 结合互联网与云技术，使传统建造与现代工业接轨，摆脱二维时代，实现无纸化、多维化及在线实时管理。全息多维度的在线管理平台，为项目提供全专业模型、图纸等数据信息在线对接及快速轻量化浏览核查。平台提供了项目全流程虚拟建造管理的界面与数据库，实现核查跟踪、大数据分析统计、协同、算量、存档等功能提供多方高效协同管理执行手段；各参建单位及职能部门借助多种移动端设备，将大量现场信息及时反馈至平台并自动触发跟进问题解决流程。BIM 平台能实时统计分析每一天的质量、安全、进度等分类协同管理工作信息，实现现场动态有效监管；各项工作记录自动化统计分析为项目精细化管控提供了有效的大数据基础。

虚拟建造管控模式

BIM 全专业信息模型为工程管理预判提供了虚拟建造的先进模式。项目采取智能化核查方式，通过协同设计、可预先发现、规避“错漏碰缺”问题；通过加载 BIM 模型构件的时间参数，实现对重难点标段及施工方案模拟、预判及优化。

本项目基于虚拟建造模型，对船闸各阶段施工推进衔接进行预演，对管型座转运吊装路径进行多轮验证；有效减少项目不可预见性，降低事故发生率并保障工期按计划施行。航电项目机电工程复杂，全专业 BIM 模型整合搭建可为后期机电安装提供精确的规划指引与管线综合优化手段。

本项目通过 BIM 模型标准化参数设定，实现了混凝土等工程量精细化统计导出，有效辅助施工过程方量评估与结算复核。

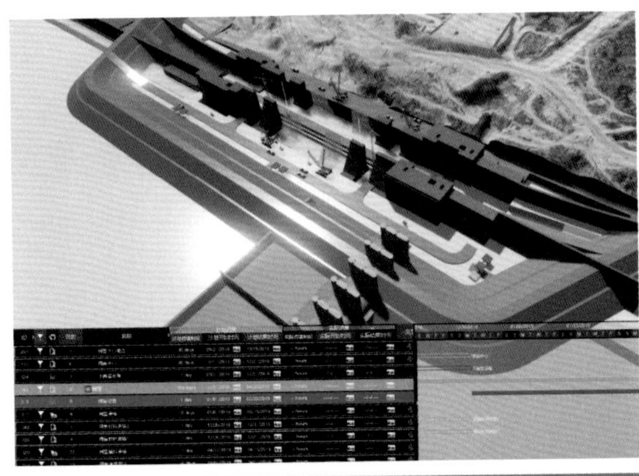

湔江河谷生态旅游区总体设计

精彩在山里，2019

湔江河谷位于四川省西北部，龙门山脚下，距成都市区 30 公里，彭州城区 10 公里。成阿高速与 MRT 轨道是未来河谷区域与成都及彭州最主要的交通联系方式。

湔江河谷作为成都乃至全国都十分罕见的“高山河谷”，将发展成为彭州市山地生态旅游的靓丽名片。本次方案以 150 平方公里的核心区（含 6 个乡镇）与 11.6 平方公里的河谷新城（通济镇）为重点设计区域，结合其余各镇的重点项目植入。以重点设计区域为基础、以“体验之路、灵动之水、自然之气、生态之市、天人合一、发展永续”为设计理念，以生态环境保护为前提、以优质产业导入能力为支撑、立足区域文化本底与山水地形格局，进行本项目的生态环境修复、旅游基础设施体系与旅游产业生态圈的构建，辐射 860 平方公里的山地旅游聚集区，打造“虽由人作，宛若天成”的“世界山地运动天堂、山地旅游目的地”。

新都桥·摄影天堂小镇

摄影发烧友的天堂，2019

本项目位于成都往新都桥场镇入口方向，汇聚“川西 18 景”、“蜀山之王”贡嘎、青岗、雅拉“三座神山”环抱小镇，依山傍水，自然环境秀美，历来就是旅游观光圣地，被誉为“摄影家天堂”。设计以当地文脉为主线，升级区域配套功能，还原一个以木雅风情为主线的藏式旅游、休闲、观光、生活场景，形成独居一隅的藏式风情小镇。设计尊重区域的历史文脉，通过对当地建筑的形态、材料选择以及文化符号进行分析，提取木雅文化建筑精粹，以现代设计手法演绎出代表新木雅文化的建筑集群。通过提取本地的生活和文化特性，将场景合理地设置于规划空间中，活跃规划区的氛围，提升人文气息的参与性、体验性，成为表达藏式生活场景的演绎中心。

新都桥五号地块 8# 楼立面图

民菜市

成都·锦江政务中心

作品是磨出来的，2007-

2007 年，山鼎设计通过国际设计竞赛，以第一名的成绩夺得了锦江政务中心的设计权。项目是为锦江区政府建设一栋全新的办公场地，包括了区党委、区政府、人大和政协“四大班子”的办公场所，还有区级人民法院和检察院。 建筑是一栋综合体，集合了区政府的主要服务功能，但在使用上又能相对独立。

项目位于成都市锦江区三圣乡，用地狭长。设计一改常见的对称式建筑风格，采用了现代设计风格， 建筑分上下两个部分的多个长方体块平行布置而成。 整体上为一个平行于基地的系列建筑体，意义在于体现政府的公平、公正和包容、开放的形象。

在方案经过多轮研究和设计深化后，获得有关部门的认可。在项目正式实施前，四川遇到了“汶川大地震”的袭击，项目不得不暂停实施。之后几年，随着政策的调整，项目用途发生变更。

到了 2011 年，项目正式更名为锦江文化创意园，山鼎被邀请参加设计竞赛。很幸运，山鼎设计的方案又一次获得了优胜，在经过多轮调整后，确定分为二期进行建设；并决定先实施二期建设，待时机成熟再实施一期建设。

2015 年，项目在新的一届政府领导下，一期重新进行公开招投标。这对于设计团队有优势但也有挑战，如何跳出原有的思维在投标中脱颖而出是一个必须面对的问题；但从结果来看整套方案还是比较出色的，我们顺利中标。

到今年，整个项目进入第 12 个年头，伴随公司及设计团队的成长，也反映了设计行业变革的艰辛，一期已进入实施阶段。我们还将持续服务下去，感谢所有参与这个项目同事的付出，也展现了我们对这份事业的热爱。

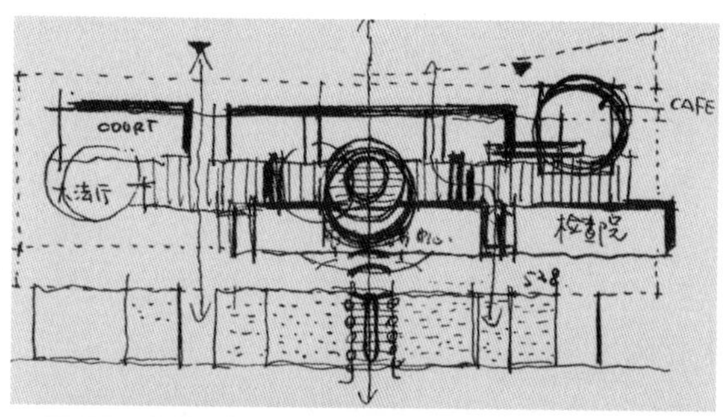

成都·锦江政务中心
2007—2008

国际设计竞赛中标方案

成都·锦江文化创意园（原锦江政务中心）
2011—2012

国际设计竞赛中标方案

成都·锦江文化创意园一期，重新设计
2013—2014

一栋锦江区的标识性建筑物：265 米。

经过了一次设计竞赛，山鼎再次中标。

成都·锦江文化创意中心
2015—2016

标志性建筑的中标方案经过论证后被否定。
山鼎设计对方案进行了第四次重大设计调整。

70

锦江文创中心施工现场，2019.11

山鼎设计的项目与实践

（代后记）

山鼎设计的二十年，恰好伴随着中国建筑市场的蓬勃发展——产业发展初期的粗犷式协作、低需求市场、高速度周期，为我们提供了无与伦比的机遇，也留下了几多遗憾；而伴随着当前产业领域的日趋成熟，建筑工程也由粗犷型趋向精细化，具体表现包括：建筑生命周期延长，建筑使用功能复杂，建筑多维价值平衡等全新建造因素……这都要求我们的设计亦不能停留于单一的创意层面，我们要同时考虑：项目构建全程把控，多工种精细协作，交付成果相对均好……这就意味着设计与实践并重成为必然。

每一个作品从无到有都经历了丰富复杂的历程，她们担负着业主的梦想、使用者的期望、社会的价值……建筑师则是一切愿景的实现者——设计创意犹如架构愿景，设计实践犹如实现愿景。山鼎设计始终要搭建一个开放、严谨、负责的平台，去承载去实现更多的愿景。

最后，让我们感谢这个时代！地产产业的黄金发展期，为我们提供了广阔的舞台，让我们有机会创意优秀的作品，实践自己的理想，结识共同理想的朋友。

同时，感谢业主的信任、团队的凝聚。优秀建筑的实现是大家共同努力的成果，是大家汗水的价值体现，并将一直延续；同时也希望美好的过程在每个人的记忆中延续。

谨以此书献给所有曾经与山鼎设计一路欢歌的设计与实践者，所有在行业发展道路上依然坚守的设计与实践者。

编委信息

主 编

陈 栗

出版顾问

徐晓飞、冯金良

校 审

刘骏翔、张 鹏、王 强

摄 影

存在建筑摄影、法国 AS 建筑工作室、地产线

邓 科、张硕凯、杜 斌、肖 阳、杨 扬

美术编辑

王 健、乔 李、黄林亦文

企划支持

杜 斌、何 兵、廖方跃、林 升、李晓延、张永友

图书在版编目（CIP）数据

山鼎设计 20 年：设计与实践：1999-2019 / 山鼎设计股份有限公司编著. -- 北京：中国建筑工业出版社，2019.12

ISBN 978-7-112-24531-4

Ⅰ.①山… Ⅱ.①山… Ⅲ.①建筑设计－作品集－中国－现代 Ⅳ.①TU206

中国版本图书馆 CIP 数据核字 (2019) 第 277017 号

责任编辑：徐晓飞　张　明
责任校对：赵听雨

山鼎设计 20 年——设计与实践 1999-2019
山鼎设计股份有限公司　编著
*
中国建筑工业出版社出版、发行（北京海淀三里河路 9 号）
各地新华书店、建筑书店经销
北京雅昌艺术印刷有限公司制版印刷
*
开本：850×1168 毫米　1/16　印张：17 1/2　字数：350 千字
2019 年 12 月第一版　2019 年 12 月第一次印刷
定价：**168.00** 元
ISBN 978-7-112-24531-4
（35188）